초보자도 쉽게 따라 할 수 있는

C++프로그래밍

장인성 · 유경상 · 송재철
황재효 · 김응주 · 조정호

光 文 閣
www.kwangmoonkag.co.kr

1946년 애니악(ENIAC) 컴퓨터가 세계 최초로 발명된 지 약 50년이 지난 1996년부터 인터넷 혁명이 본격적으로 전개되었으며, 특히 오늘날 정보 통신기기의 급속한 발달은 지구촌을 컴퓨터망으로 연결하여 자료전송은 물론이고 무역까지 컴퓨터 가상공간에서 이루어지도록 하였다.

현대사회는 e-비즈니스 및 상거래 행위뿐만 아니라 교육, 오락, 문화 등이 인터넷상에서 처리 · 운영되는 디지털 사회로써 컴퓨터는 이제 우리 실생활에서 없어서는 안될 필수품이 된 것이다. 그러나 컴퓨터는 특정 프로그램의 지시에 따라 주어진 작업을 수행하는 장치에 불과하기 때문에 프로그램이 없으면 어떠한 일도 수행할 수 없는 무용지물이 된다. 컴퓨터 프로그램은 각 용도에 적합한 프로그래밍 언어를 사용하여 개발하게 된다.

프로그래밍 언어란 컴퓨터가 수행할 일련의 작업을 상세하고 구체적으로 명시하기 위해 만들어진 언어로서 지정된 구조와 문법을 가지며 컴퓨터와 사람 사이의 의사를 전달하는 역할을 한다. C++ 언어는 C(구조적 프로그래밍 언어)가 가진 장점을 취하고 C에는 없는 새로운 개념을 도입하여 객체 지향 프로그래밍(OOP : Object Oriented Programming)을 구현할 수 있도록 C를 확장한 것이다. 그리고, 여러 언어의 장점을 모아서 프로그램을 다양한 방법으로 개발할 수 있도록 도와준다.

따라서 C++ 언어의 쉽고 정확한 이해를 위해서는 C 언어에 대한 기본 개념을 사전에 습득해야 하는 어려움이 있는데, 여기에는 많은 수고와 시간이 소비된다. 이 책은 프로그래밍 언어를 처음 배우거나 C 언어에 익숙하지 못한 독자들도 C++ 언어에 쉽게 접근할 수 있도록 노력하였다. C++ 언어의 핵심적인 내용들을 보다 이해하기 쉽게 설명하였으며 각 장마다 풍부한 예제 프로그램을 수록하여 실습을 병행할 수 있도록 하였다. 또한, 예제 프로그램에 대한 자세한 해설을 두어 각 장에서 설명하는 이론들을 쉽게 이해할 수 있도록 하였다. 그리고 각 장별로 연습문제를 실어 각 장에서 익힌 내용을 확인할 수 있도록 하였다.

이 책은 제1장부터 제12장으로 구성되어 있으며, 제1장부터 제6장까지는 객체지향 프로그래밍을 위한 C++ 프로그래밍의 기초에 대해 설명하고 있으며, 제7장부터 제12장까지는 본격적인 객체지향 프로그래밍 작성에 대해 설명하고 있다.

대학에서 강의하시는 분들이 한 학기 동안 C와 C++를 학생들이 정확히 이해하도록 동시에 강의하기에는 시간이 부족한 면이 있지만, 이 책은 C에 대한 기초가 전혀 없는 학생들을 대상으로 대학이나 학원에서 강의하시는 분들을 위해 C++를 한 학기 동안 강의할 수 있도록 구성하였다.

이 책이 C++ 언어에 입문하는 많은 분들에게 도움이 되도록 노력은 하였으나 여러 가지 미흡한 점이 많은 것 같다. 미진한 부분은 이 책을 읽는 여러분의 지적에 따라 수정 및 보완이 필요하리라 생각되니 아낌없는 충고와 조언을 바란다.

끝으로 이 책이 만들어지기까지 많은 도움을 주신 여러분께 감사를 드리며, 특별히 이 책이 출판되기까지 애써주신 광문각 출판사 회장님 이하 임직원 여러분께 감사를 드린다.

2016년 12월 저자 일동

PART 6 함수 ··· 161

PART 01

C++ 기초

- 프로그래밍 언어란 무엇인지에 대하여 알아본다.
- 프로그래밍 언어의 종류에 대해서 알아본다.
- C++ 언어의 기원과 C++ 언어의 특징에 대해서 알아본다.
- C++ 프로그램의 실행 과정에 대해서 알아본다.
- C++ 프로그램의 기본 구성에 대해서 알아본다.
- Visual C++를 이용해 프로그램을 작성하고 실행시키는 방법에 대하여 알아본다.

C++ 기초

1.1 프로그래밍 언어

1.1.1 프로그래밍 언어란?

컴퓨터는 우리 실생활의 여러 분야에서 각종 업무와 다양한 작업(문서 작성, 상품 주문, 통신, 세금계산, 제품 설계 등)에 사용되는 놀라운 도구로서 현대사회의 필수품이 되었다. 그러나 컴퓨터는 하나의 기계에 불과하기 때문에 모든 일을 스스로 처리할 수 없다. 따라서 컴퓨터를 이용하여 우리가 원하는 결과를 얻기 위해서는 처리해야 할 작업의 내용과 처리 과정 및 순서 등을 컴퓨터가 인식할 수 있는 언어를 사용하여 구체적으로 기술하여 입력해 주어야 한다.

즉, 컴퓨터(하드웨어)는 특정 프로그램(소프트웨어)의 지시에 따라 주어진 작업을 수행하는 장치로서 프로그램이 없으면 어떠한 일도 수행할 수 없는 단지 금속과 플라스틱으로 된 상자에 불과할 뿐이다.

(1) 컴퓨터 프로그래밍 언어(programming language)

컴퓨터 프로그래밍 언어는 컴퓨터가 수행할 일련의 작업을 상세하고 구체적으로 명시하기 위해 만들어진 언어로서 지정된 구조와 문법을 가지며, 컴퓨터와 사람 사이의 의사를 전달하는 역할을 한다.

(2) 컴퓨터 프로그램(program)

컴퓨터 프로그램이란 컴퓨터가 처리 과정을 이해할 수 있도록 프로그래밍 언어를 사용하여 명령어를 체계적으로 나열한 것을 말한다. 프로그램은 적용할 분야의 특성에 맞도록 특정 프로그래밍 언어를 선택하여 작성되며, 이때 각 용도에 적합하게 만들어진 프로그램을 소프트웨어(software)라 일컫는다.

(3) 프로그래밍(programming)

프로그래밍이란 컴퓨터가 인식할 수 있는 프로그래밍 언어로 프로그램을 작성하는 일을 말한다.

1.1.2 프로그래밍 언어의 종류

현재 수백 종의 프로그래밍 언어가 사용되고 있으나 컴퓨터가 이해하는 유일한 언어는 기계어이다. 따라서 모든 프로그래밍 언어들은 컴퓨터가 인식할 수 있도록 기계어로 변역되어야 하며 이러한 언어들은 크게 저급 언어(low level language)와 고급 언어(high level language)의 두 부류로 나누어질 수 있다.

(1) 저급 언어

저급 언어는 컴퓨터 하드웨어(hardware)에 종속적인 언어를 말하며 기계어(machine language)와 어셈블리어(assembly language)가 대표적이다. 이러한 언어들은 컴퓨터 하드웨어에 종속적이기 때문에 컴퓨터의 기종에 따라 언어 체계가 다르며 주로 시스템을 다루는데 사용된다.

기계어는 가장 기본이 되는 프로그래밍 언어로서 컴퓨터가 직접 이해할 수 있는 2진수, 즉 0과 1의 조합으로 나열된 언어이다. 기계어는 번역을 필요로 하지 않기 때문에 명령어의 처리 속도가 빠르다는 장점이 있으나 암호와 같아서 그 의미를 이해하기 어려우며 오류 발생 시 이에 대한 수정이 어렵다.

어셈블리어는 기계어와 가장 가까운 언어로서 상징적인 문자열을 사용하여 프로그램을 작성한다. 기계어보다 이해하기는 쉽지만 기계어와 같이 매우 상세하고 비밀스럽기 때문에 컴퓨터 자체의 지식 없이는 쉽게 프로그램을 작성할 수 없다. 컴퓨터는 어셈블리어로 작성된 프로그램을 이해할 수 없으므로 이를 사용하기 위해서는 어셈블러(assembler)라는 번역 프로그램(translator program)을 사용하여 기계어로 변환을 해야한다.

(2) 고급 언어

저급 언어와 비교해 볼 때 인간의 언어와 유사한 문법을 갖는 언어를 고급 언어라

한다. 이 언어들은 컴퓨터 하드웨어에 독립적이기 때문에 대부분의 컴퓨터에서 거의 같은 구문 구조를 제공하며 일상생활에서 사용하는 언어를 이용하여 프로그램을 작성하므로 읽고, 쓰고, 이해하는 것이 쉽다.

고급 언어로 작성된 프로그램 또한 기계어로 번역되어야 실행되며 번역 프로그램에는 명령어 하나하나를 한 줄씩 개별적으로 기계어로 변환하고 해당 줄에 따른 명령을 수행시키는 인터프리터(interpreter)와 프로그램 전체를 읽고 한꺼번에 기계어로 된 프로그램으로 변환한 후 실행시키는 컴파일러(compiler)가 있다. 인터프리터 번역 프로그램을 사용하는 대표적인 언어로는 BASIC, LISP, APL, SNOBOL 등을 들 수 있으며 컴파일러 번역 프로그램을 사용하는 대표적인 언어로는 FORTRAN, COBOL, PASCAL, PL/1, C, C++, Java 등이 있다.

1.2 C++ 언어의 개요

1.2.1 C++의 기원

1980년 초, 미국 벨 연구소의 비얀 스트로스트럽(Bjarne Stroustrup)은 C 언어를 확장한 C++ 언어를 개발하였다. 그는 처음에 이 새로운 언어를 『클래스를 가진 C(C with Class)』라는 이름으로 발표하였으며, C++라는 이름은 1983년부터 사용되기 시작했다. C++ 언어는 C 언어를 기본으로 1967년 Simula 67이라는 언어에서 소개된 객체 지향 프로그래밍 기법을 도입하여 새롭게 개발된 언어이다.

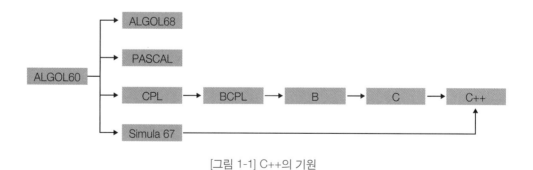

[그림 1-1] C++의 기원

1.2.2 C++의 특징

C++ 언어는 C(구조적 프로그래밍 언어)가 가진 장점을 취하고 C에는 없는 새로운 개념을 도입하여 객체 지향 프로그래밍(OOP : Object Oriented Programming)을 구현할 수 있도록 C를 확장한 것이다. 그리고 여러 언어의 장점을 모아서 프로그램을 다양한 방법으로 개발할 수 있도록 도와준다. C++ 언어는 프로그램의 코드가 많고, 공동 작업인 경우에 매우 편리하다. 다음은 C++의 중요한 특징들을 간략하게 요약한 것이다.

1. C++은 C의 **특성**들을 대부분 호환하지만, C++만의 특성도 존재힌디.
2. C++는 방대한 코드를 다수의 프로그래머가 동시에 개발할 수 있게 한다.
3. C++에서는 C에서보다 데이터와 함수를 논리적이며 융통성 있게 관리한다.

구조적 프로그래밍 언어인 C에서는 처리해야 할 데이터를 변수에 저장하고 이 변수에 저장된 데이터의 주위에 어떤 명령어를 사용하여 처리해야 할 일이 수행되도록 프로그램이 작성된다. 이때 주어진 데이터에 대해 어떤 기능을 수행하라는 명령은 함수로 표현되며 따라서 C 언어는 기능적인 측면(함수)으로 프로그램이 세분화된다.

객체 지향 프로그래밍 언어인 C++에서는 객체를 기준으로 프로그램이 세분화되는데 객체란 데이터와 명령의 결합체인 클래스(Class) 변수를 말한다. C에서는 변수가 단지 데이터를 저장하는 장소였지만, C++에서 사용되는 클래스 변수는 변수인 동시에 명령어인 것이다(객체와 클래스에 대해서는 제7장에서 자세하게 다룬다).

1.2.3 C++ 프로그램의 실행

C++는 컴파일형 언어이다. 따라서 C++ 문법에 의해 작성된 프로그램을 실행시키기 위해서는 컴퓨터가 알 수 있는 기계어로 번역해 주어야 한다. 이 번역 작업을 컴파일(compile)이라 하며 이것은 컴파일러(compiler)라 불리는 프로그램(소프트웨어)에 의해 수행된다. C++ 언어의 컴파일러는 볼랜드(Borland)사에서 만든 터보 C++(Turbo C++)와 볼랜드 C++(Borland C++), 마이크로소프트(Microsoft)사의 비주얼 C++(Visual C++), Dev-C++, gcc가 널리 사용된다. C++ 프로그램을 작성하여 실행하는 단계를 살펴보면 다음과 같다.

(1) 1단계 : 원시 파일 작성

편집기(editor)를 사용하여 프로그램 내용을 입력한다. 이때 사용할 수 있는 편집기는 문서 편집이 가능한 어떤 편집기이든 상관없지만 일반적으로 컴파일러에는 편집기가 내장되어 있으므로 이를 이용해서 쉽게 프로그램을 작성할 수 있다. 편집기로 작성된 프로그램을 원시 프로그램(source program)이라 하며, 원시 프로그램이 저장된 파일을 원시 파일(source file)이라 부른다. 원시 프로그램이 C++ 문법에 의해 작성되었다면 원시 파일의 확장자는 *.CPP로 지정해야 한다(C 문법으로 작성된 프로그램은 C++ 컴파일러로 컴파일이 가능하지만 주의해야 할 사항은 원시 파일의 확장자를 *.CPP가 아니라 *.C로 해야 한다. C++ 컴파일러는 확장자가 *.C로 끝나는 원시 파일을 자동적으로 C 프로그램으로 컴파일 한다).

(2) 2단계 : 목적 파일 생성

C++ 문법으로 작성된 원시 프로그램 내부에는 # 기호로 시작하는 특별한 지시어들이 포함되어 있는데 컴파일러가 이상 없이 컴파일을 수행할 수 있도록 하기 위해서는 이들 지시어를 먼저 처리해 주어야 한다. 이 지시어들을 선행 처리기 지시어(preprocessor directive)라 하며 선행 처리기(preprocessor)라는 프로그램에 의해서 이들 지시어에 대한 선행 처리가 수행된다. 가장 많이 사용되는 선행 처리기 지시어는 #include와 #define이다. #include의 기능은 컴파일러에서 제공해 주는 INCLUDE라는 디렉터리에 수록된 헤더 파일(header file)을 읽어들여 원시 파일에 포함시키라는 의미이며, #define은 컴파일에 앞서 프로그램 내의 특정 문자열을 지정한 문자열로 치환한다.

컴파일러는 먼저 선행 처리기에 의해 확장된 원시 파일이 C++ 문법에 맞게 작성되었는지를 조사하여 오류가 발생하면 사용자에게 오류 메시지를 보내고 컴파일을 종료한다. 이 경우 사용자는 편집기를 이용해 원시 파일을 수정해야 하며, 수정이 완료되면 선행 처리-컴파일 과정을 다시 수행해야 한다. 만일 오류가 발생하지 않았다면 확장된 원시 파일을 컴파일하여 기계어로 번역된 목적 파일(object file)을 자동적으로 생성시킨다. 이때 생성되는 목적 파일의 확장자는 *.OBJ가 된다.

(3) 3단계 : 실행 파일 생성

일반적으로 원시 프로그램은 컴파일러에서 제공하는 라이브러리 파일(library file)에 수록된 표준 함수(standard function)들을 호출하여 이들을 사용할 수 있도록 작성되며 또한, 미리 작성된 별개의 프로그램과 연결되어 실행되도록 작성되기도 한다.

컴파일 과정에 의해서 생성된 목적 파일은 비록 기계어로 번역되어 있지만 표준 함수나 다른 프로그램과는 연결되어 있지 않기 때문에 컴퓨터가 직접 이해하지는 못한다. 링크(link)는 원시 프로그램의 목적 파일에 라이브러리 파일이나 컴파일된 타 프로그램의 목적 파일을 연결해 실행 가능한 파일(executable file)로 만들어 주는 기능을 의미한다. 링크 작업은 링커(linker)라는 소프트웨어에 의해 수행되며, 이때 생성되는 실행 파일의 확장자는 *.EXE가 된다.

(4) 4단계 : 실행 파일의 실행

실행 파일을 컴퓨터로 실행하면 프로그램이 실행된다.

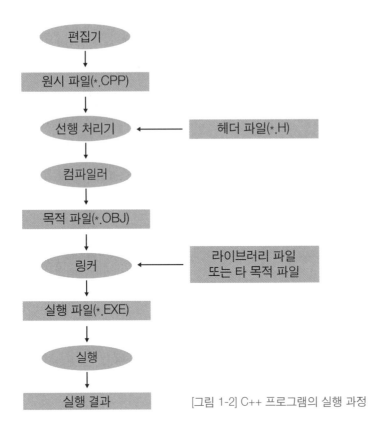

[그림 1-2] C++ 프로그램의 실행 과정

터보 C++는 도스(DOS) 운영 시스템에서 동작하도록 개발되었으며 볼랜드 C++는 윈도우즈(Windows) 운영 시스템을 지원하도록 개발되었다. 마이크로소프트사에서 만든 것으로 유명해진 비주얼 C++는 윈도우즈용 응용 프로그램을 작성하기 위해 개발되었으며, 터보 C++, 볼랜드 C++, 비주얼 C++ 등은 편집기, 선행 처리기, 컴파일러, 링커, 실행 등의 모든 기능이 포함되어 있는 통합환경을 제공한다.

컴파일러의 종류에 따라 사용되는 C++의 문법체계가 달라질 수 있으나 요즘 가장 많이 이용되고 있는 컴파일러는 마이크로소프트사의 윈도우즈용 프로그램의 개발툴인 비주얼 C++과 Dev-C++이다.

1.2.4 C++ 프로그램의 구성

C++ 프로그램은 다음과 같은 기본적인 구조로 작성된다.

기본 형식

```
선행 처리기 지시어
using namespace std;
int main()
{
   문장 1;
   문장 2;

      .
      .
      .
   return 0;
}
```

```
/* 예제 프로그램 */
#include <iostream>                            /* 선행 처리기 지시어 */
#define TEN 10                                 /* 선행 처리기 지시어 */
using namespace std;                           //명칭공간 사용 지정//
int main( )                                    //mian은 반환형을 int로 명시
{                                              //main() 함수의 시작
 int x;                                        //문장 1 //변수선언
 x=50 ;                                        //문상 2 //수지내입
 cout<<"Let's study C++ language."<<"\n" ;     //문장 3 //출력
 cout<<"TEN="<<TEN<<"\n" ;                     //문장 4 //출력
 cout<<"x="<<x<<"\n" ;                         //문장 5 //출력
 return 0 ;                                    //문장 6 //main()함수는 반환값이 없음
}                                              //main() 함수의 끝
```

↗ 실행 결과

```
Let's study C++ language.
TEN=10
x=50
```

● 예제 프로그램 설명

(1) 문장

프로그램을 구성하는 각 문장은 실행 단위로써 명령문에 해당된다. 따라서 프로그램은 명령문들의 집합체라 할 수 있으며 문장의 끝은 반드시 세미콜론(;) 기호로 나타낸다. 하나의 문장은 변수를 선언하거나 함수를 호출하는 것이 될 수 있으며 또한 연산문, 제어문 등으로도 사용될 수 있다.

컴파일러는 오직 세미콜론(;)의 존재 유무로 문장과 문장을 구별하며 문장과 문장 사이의 모든 공백을 무시한다. 따라서 아래에 작성된 프로그램 ①과 같이 한 줄에 여러 개의 문장을 작성해 나가거나 프로그램 ②와 같이 공백을 이용해서 보기 좋게 한

줄에 하나씩 문장을 작성해도 프로그램의 실행 결과는 똑같다. 그러나 ②와 같이 작성하는 것이 시각적으로 보기 좋으며 프로그램이 길어져 복잡한 경우에는 프로그램 ③과 같이 공백을 적절히 부여하여 들여 쓰기(단락 맞추기)를 하는 것이 프로그램의 내용을 쉽게 알아볼 수 있도록 하는 깔끔한 프로그램 작성법이다.

```cpp
① #include <iostream>
   using namespace std;
   int main() { cout << "Hello." << "\n"; cout << "Hi." << "\n"; return 0 ; }
```

```cpp
② #include <iostream>
   using namespace std;
   int main()
   {
   cout << "Hello." << "\n";
   cout << "Hi." << "\n";
   return 0 ;
   }
```

```cpp
③ #include <iostream>
   using namespace std;
   int main()
   {
    cout << "Hello." << "\n";
     cout << "Let's study C++ language." << "\n";
      cout << "C++ language is fun." << "\n";
        return 0 ;
   }
```

int, cout은 C++에서 사용되는 명령어들 중의 하나인데 C++의 명령어들을 **예약어**(keyword)라 부르며 반드시 **영문자 소문자**로 표시해야 한다. C++ 프로그램에서 사용되는 모든 변수는 사용 전에 반드시 변수의 데이터형을 선언해야 한다. 문장 1은 예약어 int를 이용해서 변수 x에 저장될 데이터의 종류가 정수임을 나타내며 문장 2는 대입 연산자(=)를 이용해서 변수 x에 정수값을 저장시키는 문장이다.

(2) main( ) 함수

C++ 프로그램은 하나 이상의 함수로 이루어지며 반드시 main() 함수를 포함해야 한다. main() 함수는 C++ 프로그램의 시작을 나타내는 함수로서 좌측 중괄호({) 기호로 시작하여 우측 중괄호(}) 기호로 끝나며, 프로그램의 핵심 부분을 main() 함수 안에 기술한다. 즉, main() 함수는 프로그램의 몸체에 해당하는 것으로서 main() 함수의 실행이 종료하면 프로그램 전체의 실행이 종료된다. 따라서 main() 함수는 하나의 프로그램 파일에 반드시 하나만 존재해야 한다.

함수란 특정한 기능을 수행하고 그 결과값을 자신을 호출한 부분으로 되돌려주거나 결과값이 없는 경우에는 자신을 호출한 부분으로 제어만 되돌리도록 설계된 독립적인 프로그램을 의미한다. 전자의 경우에는 함수의 결과값을 호출 측에 되돌려주기 위해 함수 내에 return문을 사용한다.

함수는 함수 명 뒤에 괄호를 사용해서 자신이 함수임을 나타낸다. 괄호 안에는 인수가 있는 경우와 없는 경우가 있는데, 함수가 인수를 데이터로 전달받아 특정한 기능을 수행하도록 작성되어 있는 경우에는 괄호 안에 인수를 적어 넣는다.

C++에서는 함수를 사용하려면 반드시 **함수의 원형**(prototype)을 선언해주어야 한다. 함수의 원형 선언이란 자신이 사용하려는 함수의 형태를 컴파일러에게 미리 알려주는 것으로써 결과값이 없는 함수는 void형이다. main() 함수는 실행 뒤에 반환하는 결과값을 갖지 않으며, 문장 6은 return문을 이용해서 반환값이 0, 즉 반환값이 없음을 나타낸다. 따라서 main() 함수는 앞에 void로 명시해 줘야 하나 마이크로소프트사의 비주얼 스튜디오에 대한 도움말인 MSDN(Microsoft Development Network)에는 int main()이 표준이라고 명시되어 있다.

return 0; 의 역할은 exit(0)을 호출한 후 main() 함수를 종료하는 역할로 함수가 정상적으로 종료됨을 의미한다. 어떤 컴파일러에서는 void main()하면 에러를 발생하기도 한다. 따라서 함수의 정상적인 종료를 OS에 알리기 위해서 main() 함수 사용 시 반환형은 int형으로 명시해 주는 것이 무난하다. 함수의 전반적인 내용에 대해서는 제6장에서 다시 상세히 다루기로 하겠다.

(3) #define

#define 지시어는 컴파일에 앞서 프로그램 내의 특정 문자열을 지정한 문자열로 치환하는 역할을 하며, 일반적으로 특정 문자열은 쉽게 식별할 수 있도록 대문자를 사용하여 나타낸다. 실제로 #include, #define과 같은 선행 처리기 지시어는 C++ 언어문이 아니고 프로그램을 확장시켜 주는 일종의 컴파일러로써 그 끝에 세미콜론(;) 기호를 붙이지 않는다.

↗ #define 지시어의 사용 형식

#define   특정 문자열   지정 문자열

[예시 1-1] #define 지시어의 사용 예

① #define TEN 10	←	TEN을 숫자 10으로 치환
② #define TRUE 1	←	TRUE를 숫자 1로 치환
③ #define FALSE 0	←	FALSE를 숫자 0으로 치환

(4) #include

#include 지시어는 뒤에 지정된 파일을 읽어들여 현재의 원시 프로그램 내에 삽입시키라는 의미이다.

↗ #include 지시어의 사용 형식

#include 〈파일명〉
#include "파일명"

<파일명>은 컴파일러에 의해 지정되어 있는 INCLUDE 디렉터리에 수록된 표준 헤더 파일을 읽어들이며, "파일명"은 사용자가 독자적으로 작성한 헤더 파일을 읽어들인다.

예제 프로그램에서 표준 출력 스트림 cout이 사용되고 있는데, **스트림**은 정보를 생성하거나 소비하는 논리적인 장치(파일, 키보드, 화면, 프린터 등)를 의미하며 cout을 사용하기 위해서는 iostream.h라는 헤더 파일을 #include 지시어로 프로그램 내에 포함시켜야 한다(참고로 헤더 파일 iostream.h는 컴파일러에서 제공해 주는 INCLUDE라는 디렉터리에 수록되어 있다).

#include <iostream.h>는 컴파일러에 의해 지정되어 있는 INCLUDE라는 디렉터리에 수록된 iostream.h라는 파일을 읽어들여 원시 프로그램에 포함시켜 처리하라는 것을 컴파일러에게 지시하는 것이다.

[예시 1-2] #include 지시어의 사용 예

① #include 〈iostream.h〉	← 표준 디렉터리(INCLUDE)에 수록되어 있는 표준 헤더 파일 iostream.h를 읽어들인다.
② #include "myhead.h"	← 현재 작업 중인 디렉터리에서 사용자가 작성한 헤더 파일 myhead.h를 읽어들인다.
③ #include "c://user// myhead.h"	← c://user 디렉터리에 수록되어 있는 헤더 파일 myhead.h를 읽어들인다.

헤더명 iostream 뒤에 확장자 .h를 붙인 것은 초창기의 C++에서 사용되던 방식이다. 비주얼 C++, Dev-C++ 등과 같은 최신 버전의 C++ 컴파일러는 헤더 파일을 읽어들일 때 #include문에 확장자 .h가 없이 헤더명만을 지정하고, 특히 표준 출력 스트림 cout과 표준 입력 스트림 cin이 정의되어 있는 iostream 헤더 파일을 읽어들일 때는 다음 행에 namespace문을 기술하는 새로운 방식이 추가되었다. 후자의 방식은 미국 국립표준연구소(ANSI : American National Standards Institute)에서 작성한 표준 C++(ANSI C++)에서 사용되는 방식이며, 이 책에서는 표준 C++ 스타일의 헤더를 이용하기로 하겠다.

```
#include 〈iostream〉
using namespace std;
```

using namespace std는, 즉 std라는 이름 공간(namespace)을 사용하겠다는 의미이다. iostream 헤더 파일 안에 std라는 이름 공간에 표준 출력 스트림 cout이 저장되어 있다. using이라는 예약어를 사용하여 이름 공간 std에 접근할 수 있도록 한다.

C++ 컴파일러는 C의 표준 함수들을 모두 포함하고 있기 때문에 C++에서 stdio.h나 ctype.h와 같은 C의 헤더 파일들을 사용할 수 있다. 게다가 표준 C++에서는 C의 헤더 파일들에 대하여 파일명 앞에 c를 추가하고 확장자 .h를 생략하는 새로운 스타일의 C 헤더 파일들을 정의하고 있다.

[예시 1-3] 표준 C++에서 헤더 파일의 이름을 짓는 규칙

① #include 〈fstream〉	←	C++에서 제공하는 헤더 파일들을 읽어들이기 위해서는 확장자 .h를 생략한다.
② #include 〈iostream〉 　 using namespace std;	←	특히, C++의 iostream 헤더 파일을 읽어들일 때는 다음 행에 namespace 문을 기술한다.
③ #include 〈cmath〉	←	기존 C에서 제공하던 헤더 파일들(stdio.h, math.h, stdlib.h, ctype.h 등)을 C++ 프로그램에서 사용하기 위해서는 파일명 앞에 c를 추가하고 확장자 .h를 생략한다.

```
cout〈〈리스트〈〈리스트 …;
```

표준 출력 스트림 cout은 프로그램의 실행 결과나 문자를 표준 출력 장치인 화면에 출력할 때 사용하는 것으로써 출력 연산자 <<와 함께 사용한다. << 연산자 다음에는 출력하고자 하는 데이터 리스트를 기술하며, 리스트에는 변수, 수식, 숫자 상수, 문자

열 상수 등이 올 수 있다. 이때 출력 데이터가 문자열(string)인 경우에는 이중 인용부호(" ")를 사용해 나타내고 숫자는 그대로 사용해 나타낸다. 만일, 여러 개의 데이터를 출력하려면 << 연산자를 이용하여 출력 데이터를 구분한다.

예제 프로그램 1-2

```
#include <iostream>
using namespace std;
int main()
{
cout<<"Hello."<<"\n";            //문자열 출력//이중 인용부호(" ")를 사용
cout<<12345<<"\n";               //숫자 출력//숫자는 그대로 사용
return 0;                        //반환값이 없는 경우에는 return문 생략 가능
}
```

↗ 실행 결과	Hello. 12345

↗ 해설

• 첫 번째 문장과 두 번째 문장에서 출력 스트림 cout을 사용하고 있다. cout을 사용하기 위해서는 헤더 파일 iostream을 #include 지시어로 프로그램 내에 포함시켜야 한다. 먼저 첫 번째 문장 cout<<"Hello."<<"\n";에서 문자열 Hello가 화면에 출력되고 "\n"에 대하여 행을 바꾸게 된다. 이어서 출력 스트림 cout은 숫자 12345를 화면에 출력한다. 이때 \n은 화면으로는 출력되지 않는 특수문자로써 커서를 다음 행의 시작 위치로 옮기도록 제어하는 개행(new line) 문자이다. 문장 return 0;는 반환값이 없다는 것을 의미하며 생략할 수 있다.

예제 프로그램 1-3

```
 #include 〈iostream〉
using namespace std;
int main()
{
cout〈〈"Hello.";                      //문자열 뒤에 개행문자 \n이 없음
cout〈〈12345〈〈"\n";
return 0;
}
```

✎ 실행 결과   Hello.12345

✎ 해설

• 먼저 첫 번째 문장 cout〈〈"Hello.";에서 문자열 Hello.가 출력된다. 문자열 뒤에 개행 문자가 없
기 때문에 행을 바꾸지 않고 두 번째 문장 cout은 곧바로 숫자 12345를 출력한다.

예제 프로그램 1-4

```
#include 〈iostream〉
using namespace std;
#define TEN 10                      //TEN=10
int main()
{
int x;                             //변수 x가 정수형임을 선언
x=50;                              //변수 x에 정수 50을 대입
cout〈〈"TEN="〈〈TEN〈〈"\n";           //문자열(TEN=)과 숫자(10) 출력
cout〈〈"x="〈〈x〈〈"\n";               //문자열(x=)과 변수 x의 값인 50을 출력
return 0;
}
```

TEN=10

x=50

↗ 해설

- 첫 번째 문장 cout〈〈"TEN="〈〈TEN;에서 먼저 문자열 TEN=을 출력하고 이어서 #define 지시어에 의해 치환된 값(TEN=10)인 10을 출력한다. 두 번째 문장 cout〈〈"x="〈〈x〈〈"\n";에서 먼저 문자열 x=를 출력하고 이어서 변수 x의 값인 50을 출력한다.

(5) 주석(comment)

프로그램을 작성하다 보면 작성된 프로그램이 어떤 용도를 위해 작성된 것인지를 나타내기 위해 프로그램에 제목을 달거나 프로그램이 복잡한 경우에는 나중에 자신이나 다른 사람이 쉽게 이해할 수 있도록 필요한 곳에 설명을 붙이게 된다. 이것을 주석이라 한다. C++에서는 기호 /*와 기호 */ 사이에 입력한 모든 내용을 주석으로 처리하는 C 스타일 방식이 호환되지만, C++에서는 기호 //를 사용하는 새로운 형태의 주석이 추가되었다. 기호 // 다음에 입력한 내용을 주석으로 처리한다.

컴파일러는 주석을 공백으로 간주하여 번역하지 않고 무시해 버리기 때문에 주석은 프로그램 실행에는 전혀 상관없는 문장이다. /*와 */는 중첩이 되면 안 되지만 //는 중첩이 가능하며 //는 한 행에 대해서만 유효하기 때문에 한 행에 해당하는 내용만 주석으로 간주한다. 다음은 여러 가지 주석의 형태이다.

[예시 1-4]

① /* C 스타일의 주석은 C++에서도 호환이 됩니다 */

② /* C 스타일의 주석은

여러 행에 대해서도 유효합니다 */

③ /*=== 주석으로 기호를

사용할 수 있습니다 ****/

④ // C++에서 추가된 주석을 나타냅니다

⑤ // 한 행에 대해서만

// 유효합니다

⑥ // C++에서의 주석을 나타냅니다 // 중첩이 가능합니다

주석을 사용하는 것은 좋은 습관이다. C++에서 추가된 주석 형태와 C 스타일의 주석 형태를 함께 사용하면 좋은 주석 표현들이 나온다.

1.3 컴파일러 사용법(Dev-C++)

1.3.1 컴파일러 설치

본서에서는 C++ 프로그램을 작성하고 실행하기 위한 컴파일러로 Dev-C++을 사용하기로 한다. 현재 C++ 컴파일러로 가장 많이 사용하는 마이크로소프트(Microsoft)사의 비주얼 스튜디오(Visual Studio) 2015는 유료 콘텐츠이다. 물론 기업이 아닌 일반 개발자를 위해 무료로 제공되는 버전인 비주얼 스튜디오 커뮤니티(Visual Studio Community) 2015을 다운로드하여 사용할 수 있지만, 설치 시간이 오래 걸리며 설치를 위해서는 엄청난 드라이브 용량을 필요로 한다.

Dev-C++는 무료로 구할 수 있는 프로그램이고 설치 시간이 빠르고 용량도 가벼울 뿐만 아니라 비주얼 스튜디오와도 비슷한 환경을 제공한다. Dev-C++의 최신 버전인 5.11 버전의 다운로드 공식 사이트는 아래와 같다.

http://sourceforge.net/projects/orwelldevcpp/files/latest/download

① 다운로드 공식 사이트로 이동하여 다운로드를 클릭하여 다운받는다.

[그림 1-3] Dev-C++ 5.11의 다운로드 공식 홈페이지

② 설치 시 사용할 언어를 선택한다.

[그림 1-4] 설치 언어 화면

③ 사용권에 대해 동의한다.

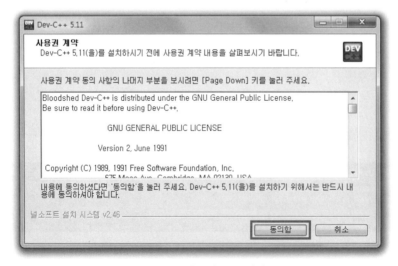

[그림 1-5] 사용권 동의 화면

④ 구성 요소 선택 화면에서 설치 형태 선택을 Full로 지정하고 [다음] 버튼을 클릭한다.

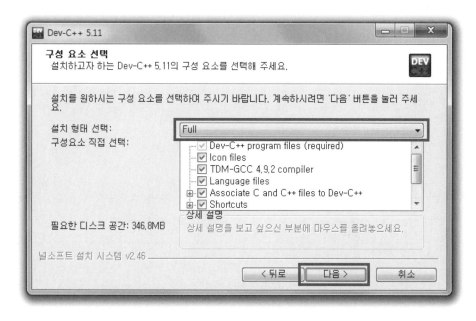

[그림 1-6] 구성 요소 선택 화면

⑤ 설치 폴더는 디폴드 값으로 하여 설치한다.

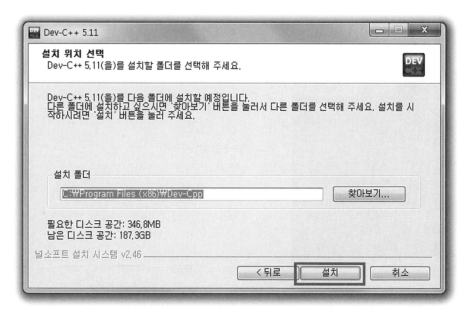

[그림 1-7] 설치 위치 선택 화면

⑥ 설치가 진행된다. 설치 과정이 종료되면 자동으로 다음 화면으로 이동된다.

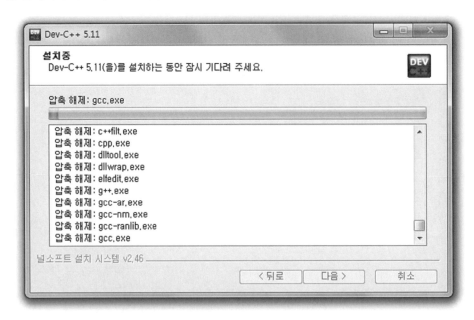

[그림 1-8] 설치 진행 화면

⑦ 설치를 완료하기 위해 [마침] 버튼을 클릭한다.

[그림 1-9] 설치 완료 화면

⑧ 프로그램에서 사용할 언어를 선택한다.

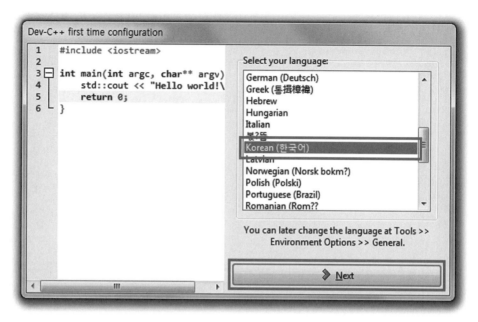

[그림 1-10] 프로그램 작성 언어 선택 화면

⑨ 테마는 각자의 취향에 따라 선택할 수 있으나, 디폴트 값으로 선택하고 [Next] 버튼을
클릭한다.

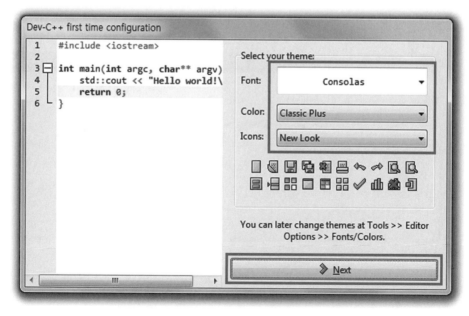

[그림 1-11] 테마 지정 화면

⑩ 환경 설정을 완료하기 위해 [OK] 버튼을 클릭한다.

[그림 1-12] 환경 설정 완료 화면

⑪ 시스템 종류가 32비트 운영 체제인 경우 아래와 같은 경고창이 뜨게 된다. 무시하고 [Yes] 버튼을 클릭해도 되지만, 작성된 프로그램이 실행이 안 되는 경우가 발생할 수 있기 때문에 [No] 버튼을 클릭한다.

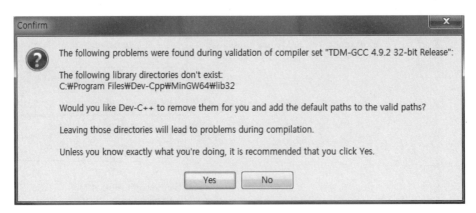

[그림 1-13] 컴파일러 설정 오류 화면

1.3.2 프로그램 작성 및 실행

Dev-C++ 5.11 버전을 기동시키면 다음과 같은 기본 화면이 나타난다.

[그림 1-14] Dev-C++ 5.11의 기본 화면

C/C++ 프로그램을 작성해서 실행시키는 방법은 다음과 같다.

① 원시 프로그램을 새로 작성하기 위해 마우스로 메뉴 표시줄에 있는 [파일] 메뉴의 [새로 만들기]를 선택하고 [소스 파일]을 클릭한다.

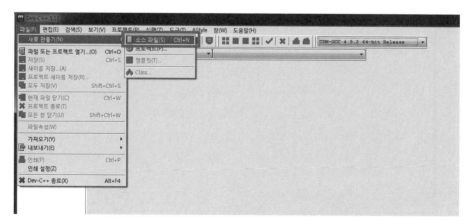

[그림 1-15] [File] 메뉴의 [새로 만들기] → [소스 파일] 선택

② [파일] 메뉴의 [새이름 저장]을 클릭한다. 표시되는 [Save As] 대화상자에서 작성할 원시
프로그램의 파일명을 test라 기입하고 파일 형식은 확장자가 *.cpp인 C++ source file로
지정한다. 마지막으로 파일이 저장될 위치를 기입한 후 [저장] 버튼을 클릭한다.

[그림 1-16] 작성할 C++ 프로그램 저장

③ 단계 ②에서 입력했던 test라는 파일명이 제목 표시줄에 표시된 편집창이 나타난다.

[그림 1-17] 프로그램 편집창

④ 편집창에 프로그램을 입력한다(앞에서 설명한 〈예제 프로그램 1.1〉을 작성한다).

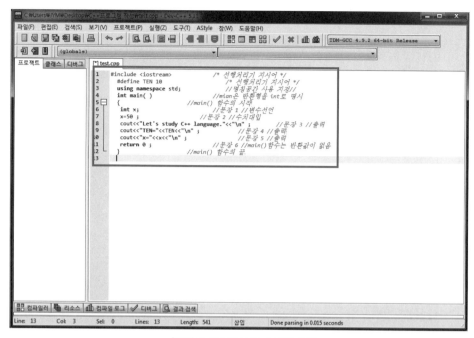

[그림 1-18] 원시 프로그램 입력

⑤ 작성된 원시 프로그램에 대해 컴파일과 실행을 한꺼번에 하기 위해 메뉴 표시줄에 있는 [실행] 메뉴의 [컴파일 후 실행]을 클릭하거나 키보드 F11을 누른다.

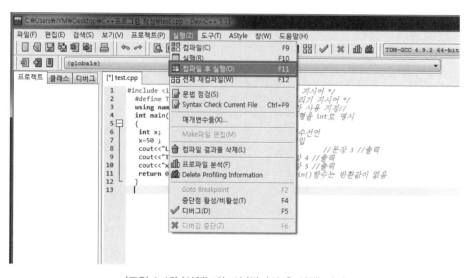

[그림 1-19] [실행] 메뉴의 [컴파일 후 실행] 선택

⑥ 작성된 프로그램의 실행 결과가 DOS창에 나타나게 된다. 키보드의 아무 키나 누르면
편집창으로 다시 돌아간다.

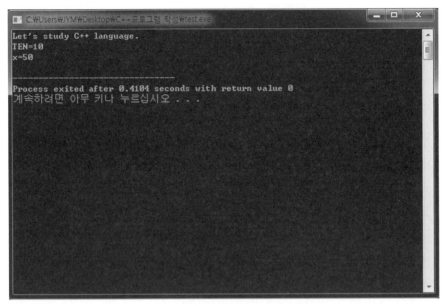

[그림 1-20] 실행창

⑦ 새로운 프로그램을 작성하기 위해서는 메뉴 표시줄에 있는 [파일] 메뉴의 [새로 만들기]
를 선택하고 [소스 파일]을 클릭하여 위 과정들을 반복 수행한다.

⑧ 만일 ⑤의 단계에서 정상적으로 실행이 안 되고 DOS창에 아래와 같은 오류 메시지가
뜨면 단계 ⑨, 단계 ⑩의 과정을 순차적으로 따라 한다.

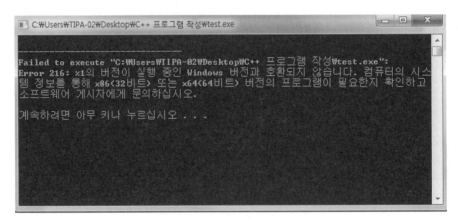

[그림 1-21] 실행창의 오류 메시지

⑨ 메뉴 표시줄에 있는 [도구] 메뉴의 [컴파일러 설정]을 클릭한다.

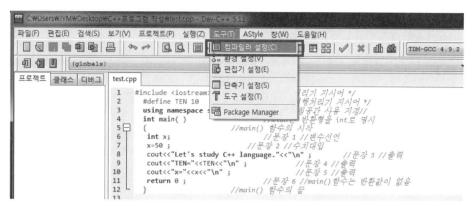

[그림 1-22] [도구] 메뉴의 [컴파일러 설정] 선택

⑩ 표시되는 [컴파일러 설정] 대화상자에서 컴파일러 설정하기를 클릭하여 사용자 컴퓨터
의 시스템 운영 체제에 맞게 컴파일러 설정을 올바르게 지정한 후 [확인] 버튼을 클릭한
다. 시스템 종류가 32비트 운영 체제인 경우에는 "TDM-GCC 4.9.2 32-bit Release"를
지정한다.

[그림 1-22] [컴파일러 설정] 대화상자에서 컴파일러 설정을 올바르게 지정

⑪ ⑤의 단계에서와 같이 메뉴 표시줄에 있는 [실행] 메뉴의 [컴파일 후 실행]을 클릭하거
나 키보드 F11을 누르면 앞서 설명한 ⑥의 단계와 같이 작성된 프로그램의 실행 결과
가 DOS창에 정상적으로 나타나게 된다.

연습 문제(객관식)

1. 다음 중 고급 언어가 아닌 것은?

   ① 포트란   ② 어셈블리어
   ③ 파스칼   ④ C

2. 다음 중 C++ 언어의 근원이 되지 않는 언어는?

   ① BCPL   ② ALGOL 60
   ③ Simula67   ④ PASCAL

3. 컴퓨터가 직접 이해할 수 있는 언어는?

   ① 어셈블리어   ② 기계어
   ③ 베이직   ④ C

4. C++ 특징에 대한 설명 중 잘못된 것은?

   ① C++는 C의 기본 개념에 객체 지향 개념을 추가한 것이다.
   ② C++는 C의 특성들과 호환되지 않는다.
   ③ C++는 방대한 코드를 다수의 프로그래머가 동시에 개발할 수 있게 한다.
   ④ C++는 데이터와 함수를 논리적이며 융통성 있게 관리한다.

5. 선행 처리기에 의해 처리되는 지시어를 나타내는 기호는?

   ① *   ② @
   ③ #   ④ $

6. 파일명이 Test.cpp인 원시 파일에 대해 컴파일 시 자동 생성되는 목적 파일명으로 옳은 것은?

    ① Test.obj   ② Test.hwp

    ③ Test.ppt   ④ Test.exe

7. C++ 언어로 작성된 프로그램을 실행시키기 위해서 필요한 것은?

    ① 컴파일러   ② 인터프리터

    ③ 기계어   ④ 어셈블러

8. C++ 프로그램에서 문장의 끝을 나타내는 기호는?

    ① ,   ② :

    ③ .   ④ ;

9. C++ 프로그램의 실행 과정으로 올바른 것은?

    ① 링크 - 선행 처리 - 컴파일 - 실행

    ② 컴파일 - 선행 처리 - 링크 - 실행

    ③ 선행 처리 - 컴파일 - 링크 - 실행

    ④ 선행 처리 - 링크 - 컴파일 - 실행

10. 주석의 형태로 잘못된 것은?

    ① /* 예제 프로그램 /* 2001년 8월 */ */

    ② //예제 프로그램 //2001년 8월

    ③ /* 예제 프로그램 2001년 8월 */

    ④ //예제 프로그램 2001년 8월

연습 문제(주관식)

1. 선행 처리기 지시어 #include는 컴파일러에서 제공하는 INCLUDE라는 디렉터리에 저장된 (   )을 읽어들여 원시 파일에 포함시키라는 의미이다. 괄호 안에 들어갈 말은 무엇인가?

2. (   )은 원시 파일을 목적 파일로 만드는 과정이며 링크 작업은 이때 생성된 목적 파일을 (   )로 만들어 주는 과정이다. 괄호 안에 들어갈 말은 무엇인가?

3. 고급 언어로 작성된 원시 프로그램 전체를 읽고 한꺼번에 번역한 후 실행시키는 번역 프로그램을 (   )라 한다. 괄호 안에 들어갈 말은 무엇인가?

4. (   )는 컴파일에 앞서 프로그램 내의 특정 문자열을 지정한 문자열로 치환하는 역할을 한다. 괄호 안에 들어갈 말은 무엇인가?

5. (   )는 출력 스트림 cout을 사용하기 위한 헤더 파일이다. 괄호 안에 들어갈 말은 무엇인가?

연습 문제 정답

객관식   1. ②   2. ④   3. ②   4. ②   5. ③   6. ①   7. ①   8. ②   9. ③   10. ①
주관식   1. 헤더 파일   2. 컴파일, 실행 파일   3. 컴파일러   4. #deine   5. iostream

PART 02

데이터형과
입출력 스트림

- 프로그램에 입력되는 데이터인 상수와 변수에 대하여 알
  아본다.
- 상수의 형태 및 특징에 대해서 알아본다.
- 변수 선언 및 초기화 방법에 대해서 알아본다.
- 표준 입력 스트림 및 스트림 조작자에 대해서 알아본다.

PART 02

데이터형과 입출력 스트림

2.1 데이터

프로그램은 입력된 데이터(data)에 대해 어떤 작용을 행함으로써 컴퓨터로 하여금 특정 작업을 수행하도록 지시한다. 이때 프로그램에 입력되는 데이터는 상수(constant) 또는 변수(variable)이다. 입력된 데이터들은 컴퓨터의 메모리에 저장된다. 이때 확보되는 메모리 사이즈는 데이터의 형에 따라 각각 다르며, 기본적인 데이터형은 정수형, 실수형, 문자형 등이 있다

상수란 프로그램이 실행되는 도중에 변하지 않고 일정한 값을 유지하는 데이터를 말한다. 변수는 프로그램에서 필요한 데이터의 값을 저장하기 위한 기억 장소(메모리 위치)의 특정한 이름이다. 이 변수에 저장된 데이터 값은 상수와는 달리 프로그램이 실행되는 도중에 그 값이 변경될 수 있다.

C++에서 데이터가 상수인 경우에 컴파일러는 단지 상수의 형태만을 보고 데이터 값이 정수형, 실수형, 문자형 중의 어떤 형태인지 그 여부를 파악할 수 있다. 그러나 데이터가 변수인 경우에는 변수만을 가지고 변수에 저장된 데이터의 값 형태를 파악할 수 없기 때문에 변수를 사용하기 전에 반드시 변수에 저장될 데이터 값의 형태를 선언해 주어야 한다.

2.2 데이터 처리

입력된 데이터들은 컴퓨터의 메모리에 저장되며 할당되는 메모리 사이즈는 데이터의 형에 따라 각각 다르다. 바이트는 데이터를 저장하는 기본 단위로 1바이트는 8비트(bit)로 구성되며, 비트는 컴퓨터 메모리의 최소 단위로서 2진수 값인 0 또는 1 중 하나를 나타낸다. n비트로 2n가지의 정보를 저장할 수 있기 때문에 $-2^{n-1} \sim 2^{n-1}-1$의 정수를 표현할 수 있으며, 양의 정수는 $0 \sim 2^{n-1}$를 표현할 수 있다.

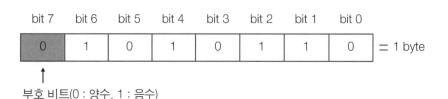

bit 7   bit 6   bit 5   bit 4   bit 3   bit 2   bit 1   bit 0

| 0 | 1 | 0 | 1 | 0 | 1 | 1 | 0 | = 1 byte

부호 비트(0 : 양수, 1 : 음수)

　　1바이트에는 2^8(=256)가지의 비트 패턴이 존재하기 때문에 1바이트로 -128~127(-2^7~2^7-1)의 정수를 표현할 수 있으며, 양의 정수를 표현하는 경우 나타낼 수 있는 값의 범위는 0~255(0~2^8-1)이다. 또한, 영문자는 256개를 초과하지 않기 때문에 1바이트로 영문자를 표현할 수 있다. 실제로 영문자의 경우 컴퓨터 시스템과 관계없이 한 문자는 1바이트로 처리된다(한글이나 한자 등은 한 글자를 표현하는데 2바이트가 소요된다).

　　[예시 2-1] 정수 9를 1바이트로 저장하는 방법

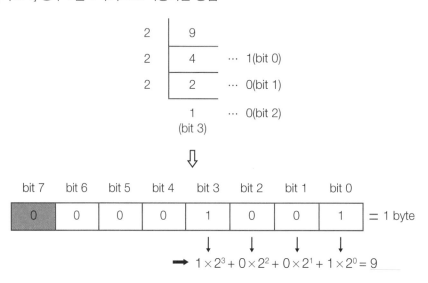

$1 \times 2^3 + 0 \times 2^2 + 0 \times 2^1 + 1 \times 2^0 = 9$

2.3 상수

C++에서 사용되는 상수의 형태는 크게 숫자 상수와 문자 상수로 나눌 수 있으며, 숫자 상수는 정수형과 실수형으로 분류되고 문자 상수는 문자형과 문자열로 분류할 수 있다.

형 태			특 징	사용 예
상 수	숫자 상수	정수형 상수	10진수(숫자를 그대로 사용) 8진수(숫자 앞에 0을 붙여 표현) 16진수로 표현(숫자 앞에 0x를 붙여 표현)	10 012 0xA
		실수형 상수	소수점이나 지수 형태로 표현	542.93 5.4293E2
	문자 상수	문자형 상수	하나의 문자를 단일 인용부호(' ') 안에 표현	'A'
		문자열 상수	하나 이상의 문자를 이중 인용부호(" ") 안에 표현	"COMPUTER"

[표 2-1] 상수의 형태 및 특징

입력된 데이터가 상수인 경우에 컴파일러는 단지 상수의 형태만을 보고 데이터 값이 정수형, 실수형, 문자형 중의 어떤 형태인지 그 여부를 파악할 수 있다.

예제 프로그램 2-1

```
#include <iostream>          //cout, endl
using namespace std;
int main()
{
  cout << 12345 << "\n";     //숫자 상수(정수형 상수) 출력
  cout << 542.93 << "\n";    //숫자 상수(실수형 상수) 출력
  cout << 'A' << endl;       //문자 상수(문자형 상수) 출력
  cout << "Hello" << endl;   //문자 상수(문자열 상수) 출력
  return 0;
}
```

↗ 실행 결과	12345
	542.93
	A
	Hello

↗ **해설**

- 출력 스트림 cout을 사용하기 위해서는 헤더 파일 iostream을 #include 지시어로 프로그램 내에 포함시켜야 한다.
- 숫자 상수(정수형 상수, 실수형 상수)는 숫자를 그대로 사용하여도 컴파일러가 입력된 데이터가 숫자 상수임을 파악한다. 12345, 542.93.
- 문자형 상수는 하나의 문자를 단일 인용부호(' ') 안에 표현해 주어야만 컴파일러가 입력된 데이터가 문자형 상수임을 파악한다. 'A'.
- 문자열 상수는 하나 이상의 문자를 이중 인용부호(" ") 안에 표현해 주어야만 컴파일러가 입력된 데이터가 문자열 상수임을 파악한다. "Hello".
- cout〈〈12345〈〈"\n";에서 12345가 출력되고 개행 문자 "\n"에 대하여 행을 바꾸게 된다. 이때 "\n"대신에 입출력 스트림 조작자 endl을 이용해서 cout〈〈12345〈〈endl;과 같이 나타낼 수 있다. endl은 개행 문자(\n)를 출력하는 조작자로, 헤더 파일 iostream에 정의되어 있다.

2.4 변수 선언

2.4.1 변수 선언 및 초기화

데이터가 변수인 경우에는 컴파일러가 변수만을 가지고 변수에 저장된 데이터의 값의 형태를 파악할 수 없기 때문에 변수를 사용하기 전에 반드시 변수에 저장될 데이터 값의 형태를 선언해 주어야 한다.

↗ **기본형식(변수 선언)**

데이터형 변수명 ;

변수 선언은 변수명 앞에 데이터형을 기술함으로써 이루어진다. 데이터형은 정의된 변수에 어떤 종류의 데이터 값을 저장시킬 것인지를 지정하는 것이다. 변수가 선언되면 그 변수는 컴퓨터 메모리상에 일정한 공간을 차지하며, 이때 확보된 특정 메모리 영역의 이름을 변수명이라고 한다. 변수에 할당되는 메모리 사이즈는 변수 선언 당시 사용된 데이터형에 따라 다르다. 예를 들면 변수의 데이터형을 int로 지정하면 해당 변수에 4바이트(byte)의 메모리가 할당되고 char로 지정하면 1바이트의 메모리가 할당된다.

구분	예약어	바이트	범 위	의 미
정수형	int	4	-2147483648~2147483647	표준 정수형
	unsigned int	4	0~4294967295	무부호 표준 정수형
	short (int)	2	-32768~32767	짧은 정수형
	unsigned short (int)	2	0~65535	무부호 짧은 정수형
	long (int)	4	-2147483648~2147483647	긴 정수형
	unsigned long (int)	4	0~4294967295	무부호 긴 정수형
실수형	float	4	$\pm3.4\times10^{-38}\sim\pm3.4\times10^{38}$	단정도 실수형
	double	8	$\pm1.7\times10^{-308}\sim\pm1.7\times10^{308}$	배정도 실수형
문자형	char	1	-128~127	문자형
	unsigned char	1	0~255	무부호 문자형

[표 2-2] 기본 데이터형의 종류

변수에 할당된 메모리 상에는 원래 기억되어 있던 값인 쓰레기(garbage)가 저장되어 있기 때문에 변수에 저장하고자 하는 값을 새롭게 지정하여 초기화시켜 주어야 한다. 만일 초기화시키지 않으면 변수의 종류에 따라 쓰레기값이나 0을 갖게 된다.

[예시 1-2] 변수 선언의 예

① int x;	← int는 변수 x가 정수형임을 정의하는 예약어임
x=3;	← 대입 연산자(=)를 이용해서 변수 x의 값을 정수 3으로 초기화
② int x=3;	← 변수 x를 정수형으로 선언하면서 동시에 x의 값을 3으로 초기화
③ int x=2, y=4, z=7;	← 변수 x, y, z를 정수형으로 선언하면서 동시에 초기화
④ int x, y, z=7;	← 변수 x를 정수형으로 선언하면서 동시에 x의 값을 3으로 초기화
⑤ float a−20.7;	← float는 변수 a가 실수형임을 정의하는 예약어임
⑥ int x;	← 변수 x와 변수 a가 서로 다른 데이터형인 경우는 독립된 문장으로
float a;	각각 선언해야 함
x=3, a=20.7;	← 변수 x와 변수 a를 한 번에 초기화
⑦ char x;	← char는 변수 x가 문자형임을 정의하는 예약어임
x='A';	← 변수 x의 값을 문자 A로 초기화

2.4.2 변수명 작성 규칙

변수명은 프로그램 작성자가 다음과 같은 규칙을 준수하여 식별하기 쉬운 이름을 만들어 사용하면 된다.

- 변수명으로 사용할 수 있는 문자는 영문자의 대·소문자, 아라비아 숫자, 밑줄(_)만 가능하다.
- 영문자의 대문자와 소문자는 서로 다른 문자로 취급된다.
- 하나의 변수명 안에 공백(space)을 넣어서는 안 된다.
- 변수명의 첫 번째 글자는 영문자나 밑줄만으로 시작해야 한다.
- C++ 언어에서 이미 뜻이 약속되어 있는 예약어(keyword)를 변수명으로 사용할 수 없다.

[예시 1-3] 변수명의 사용 예

① sum, Sum, SUM : 모두 적합한 변수명이며, 서로 다른 변수명이다.

② _Sum, Sum_7 : 모두 적합한 변수명이다. 밑줄과 숫자의 사용이 가능하다.

③ 7ABC : 부적합한 변수명이다. 첫 번째 글자는 영문자나 밑줄만으로 시작해야 한다.

④ yes no : 변수명 안에 공백이 있어 부적합한 변수명이다.

⑤ num_# : 부적합한 변수명이다. 변수명으로 특수문자 #를 사용할 수 없다.

⑥ int : 부적합한 변수명이다. int는 예약어이다.

and	and_eq	asm	auto	bitand	bitor
bool	break	case	catch	char	class
compl	const	const_cast	continue	default	delete
do	double	dynamic_cast	else	enum	explicit
export	extern	false	float	for	friend
goto	if	inline	int	long	mutable
namespace	new	not	not_eq	operator	or
or_eq	private	protected	public	register	reinterpret_cast
return	short	signed	sizeof	static	static_cast
struct	switch	template	this	throw	true
try	typedef	typeid	typename	union	unsigned
using	virtual	void	volatile	wchar_t	while
xor	xor_eq				

[표 2-3] C++의 예약어

```
#include <iostream>                              //cout, endl
using namespace std;
int main()
{
    int x, y;                                   //정수형 선언
    x=10, y=20;
    cout<<"x="<<x<<", "<<"y="<<y<<endl;
    float a=12.3, b=567.123;                     //실수형 선언 및 초기화
    cout<<"a="<<a<<", "<<"b="<<b<<endl;
    char z='A';                                  //문자형 선언 및 초기화
    cout<<"z="<<z<<endl;
    return 0;
}
```

↗ 실행 결과

```
x=10, y=20
a=12.3, b=567.123
z=A
```

↗ 해설

- 출력 스트림 cout과 입출력 스트림 조작자 endl을 사용하기 위해서는 헤더 파일 iostream을
  #include 지시어로 프로그램 내에 포함시켜야 한다.
- 첫 번째 cout 문장에서 먼저 문자열 x=을 출력하고 이어서 정수형 변수 x의 값인 10을 출력한다.
  마찬가지로 두 번째 cout 문장과 세 번째 cout 문장에서 문자열 a=와 b=, z=를 출력하고 각각의
  변수에 저장된 실수 12.3, 567.123과 문자 A를 출력한다.

2.4.3 오버플로우(over flow)

int형 변수를 4바이트로 처리하는 경우 -2147483648~2147483647(-2^{31}~2^{31}-1)까지의 정수를 표현할 수 있다. 따라서 이 범위를 벗어나는 정수가 데이터로 입력되면 이를 처리할 수 없는 상태가 발생하게 되는데 이러한 상태를 오버플로우(over flow)라 한다. 4바이트의 int형에서 오버플로우가 발생하면 실제로 변수에 저장되는 값은 다음과 같다.

$$-2147483649 \rightarrow 2147483647$$
$$-2147483650 \rightarrow 2147483646$$
$$-2147483651 \rightarrow 2147483645$$

⋮

over flow → | -2147483648 ⋯ 2147483647 | ← over flow

$$2147483648 \rightarrow -2147483648$$
$$2147483649 \rightarrow -2147483647$$
$$2147483650 \rightarrow -2147483646$$

⋮

예제 프로그램 2-3

```
#include 〈iostream〉
using namespace std;
int main()
{
int x, y;                          // 4 바이트 int형
x=2147483648;
y=2147483649;
cout〈〈"x="〈〈x〈〈endl;
cout〈〈"y="〈〈y〈〈endl;
return 0;
}
```

↗ 실행 결과

```
x = -2147483648
y = -2147483647
```

> • int형(4바이트)으로 선언한 경우 취할 수 있는 정수의 최댓값은 2147483647이다. 표현할 수 있
> 는 최댓값 보다 큰 정수값이 입력되면 오버플로우가 발생한다.

2.5 표준 입력 스트림

표준 출력 스트림 cout은 프로그램의 실행 결과나 문자를 표준 출력 장치인 화면에 출력
하는 기능을 제공하는 반면에 표준 입력 스트림 cin은 표준 입력 장치인 키보드로부터 입
력받은 데이터를 변수에 기억시킬 때 사용한다. cout은 출력 연산자 <<를 사용하지만 cin
은 입력 연산자 >>와 함께 사용한다. cin을 이용해서 키보드로부터 입력받을 데이터가 2
개 이상인 경우에는 변수 사이에 >> 연산자를 사용해서 구분한다.

✐ 표준 입력 스트림 cin의 사용 형식

    cin〉〉변수〉〉변수 …;

출력 스트림 cout과 마찬가지로 입력 스트림 cin을 사용하기 위해서는 헤더 파일
iostream을 #include 지시어로 프로그램 내에 포함시켜야 한다.

예제 프로그램 2-4

```
#include <iostream>            //cout, cin, endl
using namespace std;
int main()
{
  int a;
  cout<<"a?";                  //출력
  cin>>a;                      //정수형 데이터를 입력
  cout<<"a="<<a<<endl;
  return 0;
}
```

a? 100 [Enter↵] ← 키보드로 100을 입력하고 [Enter↵] 키를 누른다.

a=100

해설

- cin〉〉a;는 키보드로부터 입력된 값을 int형 변수 a에 대입한다.
- 키보드로 데이터를 입력한 뒤에는 반드시 [Enter↵] 키를 눌러야 프로그램이 실행된다.
- 두 번째 cout 문장에서 먼저 문자열 a=을 출력하고 이어서 키보드로부터 입력된 정수형 변수 a의 값 100을 출력한다.

예제 프로그램 2-5

```
#include <iostream>
using namespace std;
int main()
{
 int a, b, c;
 cout<<"a, b, c?";                    //출력
 cin>>a>>b>>c;                        //정수형 데이터 3개를 입력
 cout<<"a="<<a<<"b="<<b<<"c="<<c<<endl;
 return 0;
}
```

실행 결과

a, b, c? 10 20 30 [Enter↵] ← 입력되는 데이터를 공백 문자로 구분한다.

a=10 b=20 c=30

해설

- 입력 스트림 cin을 이용해서 키보드로부터 입력받을 데이터가 2개 이상인 경우에는 변수 사이에 입력 연산자 〉〉를 사용해서 구분한다. 이때 입력 데이터는 공백 문자 [Space Bar]에 의해 구분하여 키보드로 입력한다.

2.6 스트림 조작자

출력 스트림 cout을 사용하여 화면에 데이터를 출력하는 경우에 스트림 조작자를 사용하면 원하는 형식으로 데이터를 출력할 수 있다. 스트림 조작자는 출력되는 데이터의 출력 형태를 조정해 주는 기능으로 헤더 파일 iomanip에 정의되어 있다.

조작자	의미
dec	10진수(decimal)로 변환 설정
hex	16진수(hexadecimal)로 변환 설정
oct	8진수(octal)로 변환 설정
endl	개행 문자를 출력
ends	공문자(\0) 출력
setfill(int c)	c로 채우기 설정
setprecision(int n)	부동 소수점의 유효 자릿수를 n개로 설정
setw(int n)	필드 폭을 n으로 설정
setiosflags(long f)	표 2.5의 형식 플래그에 의해 지정된 형식 설정
resetiosflags(long f)	표 2.5의 형식 플래그에 의해 지정된 형식 삭제

[표 2-4] 스트림 조작자

형식 플래그명	의미
ios::left	setw() 폭 안에 출력을 좌측으로 정렬
ios::right	setw() 폭 안에 출력을 우측으로 정렬
ios::scientific	지수 형태로 표기(2.345E2)
ios::fixed	부동 소수점으로 표기(234.5)
ios::dec	10진수로 변환
ios::hex	16진수로 변환
ios::oct	8진수로 변환
ios::uppercase	16진수와 지수형 표기 문자를 대문자로 출력
ios::showbase	수치 베이스 접두 문자 출력(16진수의 0x나 8진수의 0)
ios::showpos	양수를 출력할 때 +부호 출력
ios::showpoint	소수점 표기에서 정확도를 위해 필요하면 지정된 자릿수만큼 0들을 채워 출력

[표 2-5] setiosflags()와 resetiosflags()를 위한 형식 플래그 값

```
#include <iostream>
using namespace std;
#include <iomanip>                          //스트림 조작자 dec, hex, oct
int main()
{
  int x=10;
  cout<<"10진수 : "<<dec<<x<<endl;
  cout<<"16진수 : "<<hex<<x<<endl;
  cout<<"8진수 : "<<oct<<x<<endl;
  return 0;
}
```

↗ 실행 결과

10진수 : 10
16진수 : a
8진수 : 12

↗ 해설

• 스트림 조작자 dec, hex, oct는 변수 x에 저장된 정수값 10을 각각 10진수(decimal), 16진수 (hexadecimal), 8진수(octal)로 변환하여 출력하도록 한다.

예제 프로그램 2-7

```
#include 〈iostream〉
using namespace std;
#include 〈iomanip〉
int main()
{
  int x=10;
  cout〈〈"16진수 : "〈〈setiosflags(ios::showbase)〈〈hex〈〈x〈〈endl;
  //형식 플래그에 의해 지정된 형식 설정
  cout〈〈"8진수 : "〈〈setiosflags(ios::showbase)〈〈oct〈〈x〈〈endl;
  //형식 플래그에 의해 지정된 형식 설정
  return 0;
}
```

↗ **실행 결과**

16진수 : 0xa　　← 0x는 a가 16진수임을 나타냄
8진수 : 012　　← 0은 12가 8진수임을 나타냄

↗ **해설**

- 첫 번째 cout 문장과 두 번째 cout 문장에서 setiosflags(ios::showbase)에 의해 수치 베이스 접두 문자 출력 형식이 지정되었기 때문에 변수 x에 저장된 정수값 10을 16진수 또는 8진수로 변환하여 출력하는 경우에 16진수와 8진수의 접두 문자인 0x와 0이 숫자 앞에 출력된다.
- 첫 번째 cout 문장에서 스트림 조작자 hex에 의해 변수 x에 저장된 정수값 10이 16진수 a로 변환하여 출력되고, 두 번째 cout 문장에서 스트림 조작자 oct에 의해 변수 x에 저장된 정수값 10이 8진수 12로 변환하여 출력된다.

예제 프로그램 2-8

```cpp
#include <iostream>
using namespace std;
#include <iomanip>
int main()
{
  int x=123;
  double y=34.5678;
  cout << "1234567890" << endl;
  cout << setw(8) << x << endl;
  cout << setiosflags(ios::fixed) << setprecision(2) << y << endl;
  cout << setiosflags(ios::showpos) << x << endl;
  return 0;
}
```

↗ 실행 결과

```
1234567890
       123
34.57
+123
```

↗ 해설

- 두 번째 cout 문장에서 setw(8)에 의해 필드 폭(자릿수)을 8개로 하여 변수 x에 저장된 정수값 123을 출력한다.
- 세 번째 cout 문장에서 변수 y에 저장된 실수값을 setiosflags(ios::fixed)에 의해 부동 소수점으로 표기하고, 이때 setprecision(2)에 의해 소수 부분을 소수점 이하 2자리로 출력한다. 끝자리에서는 반올림 처리가 이루어진다.
- 네 번째 cout 문장에서 변수 x에 저장된 정수값이 setiosflags(ios::showpos)에 의해 +부호와 함께 출력된다.

연습 문제(객관식)

1. 데이터를 컴퓨터 메모리에 저장할 때의 기본 단위는?

① bit   ② byte

③ word   ④ nibble

2. 다음 중 ++C 언어의 예약어가 아닌 것은?

① void   ② int

③ sum   ④ char

3. 문자열 상수를 올바르게 표현한 것은?

① ABC   ② "ABC"

③ 'ABC'   ④ 0xABC

4. 정수형 상수를 올바르게 표현한 것은?

① 1234   ② "1234"

③ '1234'   ④ 12.34

5. 다음 중 실수형 상수의 표현으로 옳은 것은?

① -28,325   ② 0.

③ 12.5D02   ④ 24.3E+

6. 다음 중 C++언어의 변수로 옳은 것만 모인 것은?

① tot, MEAN, 2data

② var7, length, source_prg

③ source-prg, long, SCALE

④ sum, float, coun ter

7. 입력 스트림 cin과 함께 사용되는 입력 연산자로 맞는 것은?

① %e   ② %f

③ <<   ④ >>

8. 변수의 기본 데이터형에 속하지 않는 것은?

① 문자열형   ② 문자형

③ 실수형   ④ 정수형

9. 정수형 변수 선언이 잘못된 것은?

① int a;   ② short b;

③ unsigned long c;   ④ double d;

10. 공문자를 출력하는 스트림 조작자로 맞는 것은?

① hex   ② endl

③ ends   ④ oct

연습 문제(주관식)

1. 개행 문사(\n)를 출력하는 입출력 스트림 조작자는 무엇인가?

2. 입력 스트림 cin을 사용하기 위한 헤더 파일은 무엇인가?

3. 변수에 할당된 메모리상에는 원래 기억되어 있던 값인 (   )가 저장되어 있기 때문에 변수에 저장하고자 하는 값을 새롭게 지정하여 초기화시켜 주어야 한다. 괄호 안에 들어갈 말은 무엇인가?

4. 단정도 실수형 변수 선언에 사용되는 예약어는 무엇인가?

5. 변수명 작성 규칙에 대해 설명하시오.

연습 문제 정답

객관식   1. ②   2. ③   3. ②   4. ①   5. ②   6. ②   7. ④   8. ①   9. ④   10. ②

주관식   1. endl   2. iostream   3. 쓰레기(garbage)   4. float   5.변수명 작성 규칙(2.4.2)참조

PART 03

연산자

- 연산자의 종류에 대해서 알아본다.
- 다양한 연산자의 기능 및 사용 방법에 대해서 알아본다.
- 연산자의 우선순위에 대해서 알아본다.

연산자

3.1 연산 및 연산자

연산(operation)이란 한 개 이상의 데이터를 일정한 규칙에 따라 처리하는 것을 말한다. 연산에 사용된 각 데이터 항을 오퍼랜드(operand), 연산 동작을 수행하도록 지시하는 기호를 연산자(operator)라고 한다. 연산에 필요한 데이터 항(오퍼랜드)이 두 개 필요한 연산자를 이항 연산자(binary operator)라고 하며, 데이터 항이 한 개 필요한 연산자를 단항 연산자(unary operator)라고 한다.

C++ 언어에서는 매우 다양한 연산자를 제공하고 있으며, 이들 연산자를 이용하여 프로그램을 보다 간결하게 작성할 수 있다.

구분	연산자
대입 연산자	=
산술 연산자	+, -, *, /, %, ++, --
관계 연산자	〉, 〉=, 〈, 〈=, ==, !=
논리 연산자	&&, ‖, !
비트 연산자	〉〉, 〈〈, &, ‖, ·, ~
복합 대입 연산자	+=, -=, *=, /=, %=, 〈〈=, 〉〉=, &=, ·=, ‖=
기타 연산자	조건 연산자, 나열 연산자, sizeof 연산자, cast 연산자, 포인터 연산자

[표 3-1] 연산자의 종류

3.2 대입 연산자

대입 연산자(assignment operator)는 우측의 연산 결과를 좌측의 변수에 대입하는 이항 연산자이다. 대입 연산이 이루어지는 경우 우측의 데이터형이 좌측에 위치한 변수의 데이터형으로 변환된다.

[예시 3-1] 대입 연산자의 사용 예

① a=3;	←	변수 a에 3을 대입(단순 대입)
② a=b=c=3;	←	세 변수에 각각 3을 대입(복수 대입)
	←	우측에서 좌측으로 차례로 대입이 진행됨

예제 프로그램 3-1

```cpp
#include <iostream>
using namespace std;
int main()
{
  float a, b, c;                        //실수형
  a=b=23.333;
  c=a;
  cout<<"a="<<a<<", b="<<b<<", c="<<c<<endl;
  return 0;
}
```

↗ 실행 결과

a=23.333, b=23.333, c=23.333

↗ 해설

• a와 b, c에 실수값 23.333이 대입된다.

3.3 산술 연산자

산술 연산자(arithmetic operator)는 C++에서 가장 많이 사용되는 연산자로서 이항 연산자와 단항 연산자로 구분된다.

3.3.1 이항 연산자

덧셈, 뺄셈, 곱셈, 나눗셈 등의 4칙 연산과 나머지를 구하는 연산자로 구성된다.

연산자	기능	사용 형식	의미
+	덧셈	a=b+c;	b와 c의 합을 a에 대입
-	뺄셈	a=b-c;	b에서 c를 뺀 값을 a에 대입
*	곱셈	a=b*c;	b와 c의 곱을 a에 대입
/	나눗셈	a=b/c;	b를 c로 나눈 값을 a에 대입
%	나머지	a=b%c;	b를 c로 나눈 나머지 값을 a에 대입

[표 3-2] 이항 연산자

앞에서 다룬 대입 연산자는 산술 연산자와 결합되어 또 하나의 연산자(복합 대입 연산자)를 구성할 수 있으며, 이를 사용하면 수식을 압축하여 간략히 기술할 수 있다.

연산자	사용 형식	의미(산술 및 비트 연산자)
+=	a+=b;	a=a+b;
-=	a-=b;	a=a-b;
*=	a*=b;	a=a*b;
/=	a/=b;	a=a/b;
%=	a%=b;	a=a%b;

[표 3-3] 복합 대입 연산자의 종류와 기능

```
#include <iostream>
using namespace std;
int main()
{
 int a, b, add, sub, mul, div, mod;
 a=100, b=30;
 add=a+b;
 sub=a-b;
 mul=a*b;
 div=a/b;
 mod=a%b;
 cout<<"a+b="<<add<<", a-b="<<sub<<", a*b="<<mul<<", a/b="<<div
 <<", a%b="<<mod<<endl;
 return 0;
}
```

↗ 실행 결과   a+b=130, a-b=70, a*b=3000, a/b=3, a%b=10

↗ 해설

- /는 나눗셈 연산자이고 %는 나머지 연산자(modulus operator)이다.

3.3.2 단항 연산자

단항 연산자에는 음수 부호 연산자(minus operator), 증가 연산자(increment operator), 감소 연산자(decrement operator)가 있다. 음수 부호 연산자는 부호를 반전시키며 뺄셈 연산자와는 구분된다. 증감 연산자는 변수에만 사용이 가능하며 변숫값을 1씩 증가 또는 감소시킨다. 증감 연산자가 변수 앞에 있는 경우를 선행(prefix) 증감 연산자라고 하며, 변수 뒤에 있는 경우를 후행(postfix) 증감 연산자라고 한다.

선행 증감 연산자는 먼저 변수의 값을 1 증감시킨 후에 증감된 변숫값을 이용해서 다른 연산이 수행되도록 한다. 후행 증감 연산자는 주어진 변숫값을 이용해서 다른 연산이 수행되도록 한 후에 변숫값을 1 증감시킨다.

연산자	기능	사용 형식	의미
-	음수	a=-b;	b를 음수로 만들고 a에 대입
++	1 증가		
	(선행 연산)	a=++b;	먼저 b값을 1 증가시킨 후 결과를 a에 대입
	(후행 연산)	a=b++;	b값을 a에 대입시킨 다음 b값을 1 증가
--	1 감소		
	(선행 연산)	a=--b;	먼저 b값을 1 감소시킨 후 결과를 a에 대입
	(후행 연산)	a=b--;	b값을 a에 대입시킨 다음 b값을 1 감소

[표 3-4] 단항 연산자

[예시 3-2] 단항 연산자의 사용 예

int a, b;

b=5;

연산식	a의 값	b의 값
a=-b;	-5	5
++b;	-	6
b++;	-	6
a=++b;	6	6
a=b++;	5	6
--b;	-	4
b--;	-	4
a=--b;	4	4
a=b--;	5	4

함수나 수식 내에서 두 번 이상 사용되는 변수에 대해 증감 연산자를 사용해서는 안 된다.

[예시 3-3] 증감 연산자의 잘못된 사용 예

① a=3++;	←	증감 연산자는 변수에만 사용 가능
	←	상수에 증감 연산자를 사용하면 에러가 발생
② a=++(b+c);	←	증감 연산자는 변수에만 사용 가능
	←	식에 증감 연산자를 사용하면 에러가 발생
③ b=a++ +a;	←	한 수식에서 변수 a가 두 번 사용되므로 변수 a에 증가 연산자를 사용하면 안 됨

예제 프로그램 3-3

```
#include <iostream>
using namespace std;
int main()
{
int a=1, b=2, c, d, e, f;
a++;                                         //a=2
++b;                                         //b=3
cout<<"a="<<a<<", b="<<b<<endl;
c=a++;                                       //c=2, a=3
d=++b;                                       //d=4, b=4
cout<<"a="<<a<<", b="<<b<<", c="<<c<<", d="<<d<<endl;
e=++c+a;                                     //c=3, e=6
f=d++ +b;                                    //d=5, f=8
cout<<"c="<<c<<", d="<<d<<", e="<<e<<", f="<<f<<endl;
return 0;
}
```

✈ 실행 결과

```
a=2, b=3
a=3, b=4, c=2, d=4
c=3, d=5, e=6, f=8
```

↗ 해설

- a++, d++는 후행 연산, ++b, ++c는 선행 연산이 이루어진다.
- e=++c+a는 c의 값을 1 증가시킨 결과와 a의 합을 e에 대입한다.
- f=d++ +b는 d값과 b값의 합을 f에 대입하고 d의 값을 1 증가시킨다.

예제 프로그램 3-4

```
#include <iostream>
using namespace std;
int main()
{
 int a,b,c,d,e;
 a=3, b=4;
 c=4+a--;                          //c=7, a=2
 d=--b+2;                          //d=5, b=3
 cout<<"a="<<a<<", b="<<b<<", c="<<c<<", d="<<d<<endl;
 e=c++ + --d;                      //e=11, c=8, d=4
 cout<<"c="<<c<<", d="<<d<<", e="<<e<<endl;
 return 0;
}
```

↗ 실행 결과

```
a=2, b=3, c=7, d=5
c=8, d=4, e=11
```

↗ 해설

- a--, c++는 후행 연산, --b, --d는 선행 연산이 이루어진다.

3.4 관계 연산자

관계 연산자(relational operator)는 두 개의 데이터 항의 대소 및 상등 관계를 판별하는 연산자이다. 이때 연산 결과가 참이면 결과값은 1이고 거짓이면 0이 된다.

연산자	기능	사용 형식	의미
>	보다 크다	a=(b>c);	b가 c보다 크면 a=1, 그렇지 않으면 a=0
<	보다 작다	a=(b<c);	b가 c보다 작으면 a=1, 그렇지 않으면 a=0
>=	보다 크거나 같다	a=(b>=c);	b가 c보다 크거나 같으면 a=1, 그렇지 않으면 a=0
<=	보다 작거나 같다	a=(b<=c);	b가 c보다 작거나 같으면 a=1, 그렇지 않으면 a=0
==	같다	a=(b==c);	b와 c가 같으면 a=1, 그렇지 않으면 a=0
!=	같지 않다	a=(b!=c);	b와 c가 같지 않으면 a=1, 그렇지 않으면 a=0

[표 3-5] 관계 연산자

예제 프로그램 3-5

```
#include <iostream>
using namespace std;
int main()
{
  int x=10, y=5, a, b, c, d;
  a=(x>y);                    //참
  b=(x<y);                    //거짓
  c=(x==y);                   //거짓
  d=(x!=y);                   //참
  cout<<"a="<<a<<", b="<<b<<", c="<<c<<", d="<<d<<endl;
  return 0;
}
```

↗ 실행 결과　　a=1, b=0, c=0, d=1

↗ 해설

- a=(x〉y)에서 10〉5가 참이고, d=(x!=y)에서 10!=5가 참이므로 a와 d에 1이 대입된다.
- b=(x〈y)에서 10〈5가 거짓이고, c=(x==y)에서 10==5가 거짓이므로 b와 c에 0이 대입된다.

3.5 논리 연산자

논리 연산자(logical operator)는 AND, OR, NOT의 논리 연산을 수행하며, 관계 연산자처럼 연산 결과가 참이면 결과값은 1이고 거짓이면 0이 된다.

연산자	기능	사용 형식	의미
&&	논리 곱(AND)	a=b&&c;	b와 c가 모두 참이면 a=1, 그 외는 a=0
||	논리 합(OR)	a=b||c;	b와 c가 모두 거짓이면 a=0, 그 외는 a=1
!	논리 부정(NOT)	a=!b;	b가 참이면 a=0, b가 거짓이면 a=1

[표 3-6] 논리 연산자

[예시 3-4] 논리 연산의 예

b	c	b&&c;	b||c;	!b;	!c;
거짓(0)	거짓(0)	거짓(0)	거짓(0)	참(1)	참(1)
거짓(0)	참(1)	거짓(0)	참(1)	참(1)	거짓(0)
참(1)	거짓(0)	거짓(0)	참(1)	거짓(0)	참(1)
참(1)	참(1)	참(1)	참(1)	거짓(0)	거짓(0)

예제 프로그램 3-6

```cpp
#include <iostream>
using namespace std;
int main()
{
 int x=10, y=0, z=5, a, b, c, d, e, f;
 a=(x&&y);                    //거짓
 b=(x|| y);                   //참
 c=(!y);                      //참
 cout<<"a="<<a<<", b="<<b<<", c="<<c<<endl;
 d=(x&&z);                    //참
 e=(x||z);                    //참
 f=(!z);                      //거짓
 cout<<"d="<<d<<", e="<<e<<", f="<<f<<endl;
 return 0;
}
```

↗ 실행 결과

```
a=0, b=1, c=1
d=1, e=1, f=0
```

↗ 해설

- C++ 컴파일러에서 어떤 변수의 값이 0이면 거짓이고, 0 이외의 값이면 참으로 인식된다.
- a=참(10)&&거짓(0)=0, b=참(10)||거짓(0)=1, c=!거짓(!0)=1.
- d=참(10)&&참(5)=1, e=참(10)||참(5)=1, f=!참(!5)=0.

예제 프로그램 3-7

```
#include 〈iostream〉
using namespace std;
int main()
{
  int x=10, y=0, z=5, a, b, c;
  a=(x〉=y)&&(x〈=z);                    //거짓
  b=(x!=y)||(x==z);                    //참
  c=(x〉y)&&(x!=z)&&(x〉z);              //참
  cout〈〈"a="〈〈a〈〈", b="〈〈b〈〈", c="〈〈c〈〈endl;
  return 0;
}
```

↗ **실행 결과**

```
a=0, b=1, c=1
```

↗ **해설**

• a=(참)&&(거짓)=0, b=(참)||(거짓)=1, c=(참)&&(참)&&(참)=1.

3.6 조건 연산자

조건 연산자(conditional operator)는 3항 연산자(ternary operator)로서 기호 ?:로 표시한다.

↗ **조건 연산자의 사용 형식**

조건식 ? 연산식1 : 연산식2 ;

조건 연산자는 먼저 조건식을 평가하여 참이면 연산식 1을 수행하고, 거짓이면 연산식 2를 수행하게 한다.

b=(a〉3) ? (a+5) : (a-1);   ←   만일 a〉3이면 a+5를 b에 대입하고, a≤3이면 a-1를 b에 대입

예제 프로그램 3-8

```
#include 〈iostream〉
using namespace std;
int main()
{
  int a, b, max, min;
  cout〈〈"a?"〈〈", b?"〈〈endl;
  cin〉〉a〉〉b;
  max=(a〉b) ? a : b;            //조건 연산 1
  min=(a〈b) ? a : b;            //조건 연산 2
  cout〈〈"max="〈〈max〈〈", min="〈〈min〈〈endl;
  return 0;
}
```

↗ **실행 결과**

```
a? b?
10 50\ Enter↵
max=50, min=10
```

↗ **해설**

• 키보드로 입력한 값 a=10과 b=50에 대해 조건 연산 1은 조건식 a〉b가 거짓이므로 max=b=50이고, 조건 연산 2는 조건식 a〈b가 참이므로 min=a=10이 된다.

3.7 나열 연산자

나열 연산자(comma operator)는 여러 연산식을 콤마(,)를 이용하여 나열하는 연산자로서 나열한 연산식들을 왼쪽에서부터 차례로 수행시키거나 전체 연산 결과값은 제일 오른쪽 연산식의 값이 되도록 한다.

↗ 나열 연산자의 사용 형식

연산식1, 연산식2, 연산식3, …;

[예시 3-6] 나열 연산자의 사용 예

① a=3, b=a+2, c=b*3;   ← 각 연산식은 왼쪽에서부터 차례로 수행되어져 a=3, b=5, c=15이다.

② a=(b=3, b+7);   ← b의 값이 3일 때 b+7의 연산 결과를 a에 대입, 즉 a=10
              ← 전체 연산 결과값인 b+7를 a에 대입하려면 괄호로 묶어야 한다.

예제 프로그램 3-9

```
#include <iostream>
using namespace std;
int main()
{
 int a, b, c, d;
 a=(b=3, c=b+2, c*3), d=a/3;
 cout<<"a="<<a<<", b="<<b<<", c="<<c<<", d="<<d<<endl;
 return 0;
}
```

↗ 실행 결과   a=15, b=3, c=5, d=5

↗ 해설

* a=(b=3, c=b+2, c*3)에서 각 연산식이 왼쪽에서부터 차례로 수행돼 b=3, c=b+2=5, c*3=15이고 제일 오른쪽 연산식의 값 15가 a에 대입된다.

3.8 sizeof 연산자

sizeof 연산자는 변수, 수식, 상수 및 데이터형이 메모리 중에서 차지하는 메모리 영역의 크기를 바이트(byte) 수로 구해주는 연산자이다.

↗ sizeof 연산자의 사용 형식

sizeof(변수 또는 데이터형 등);

[예시 3-7] sizeof 연산자의 사용 예

① sizeof(a);	←	변수 a가 차지하는 메모리의 크기를 구한다.
② a=(b=3, b+7);	←	연산식 a*100의 값이 차지하는 메모리의 크기를 구한다.
③ sizeof(int);	←	int형의 데이터가 차지하는 메모리의 크기를 구한다

예제 프로그램 3-10

```
#include 〈iostream〉
using namespace std;
int main()
{
  int a, b;
  float c;
  double d;
  a=sizeof(int);
  b=sizeof(char);
  cout〈〈"int = "〈〈a〈〈"byte, "〈〈"char = "〈〈b〈〈"byte"〈〈endl;
  cout〈〈"float ="〈〈sizeof(c)〈〈"byte, "〈〈"double ="〈〈sizeof(d)〈〈"byte"〈〈endl;
  return 0;
}
```

↗ 실행 결과	int = 4byte, char = 1byte
	float = 4byte, double = 8byte

↗ 해설

• sizeof(데이터형), sizeof(변수)에 대한 결과값이 메모리의 바이트 수로 출력된다.

3.9 캐스트 연산자

데이터형을 강제적으로 변환시키고자 할 때는 캐스트(cast) 연산자를 사용한다. 캐스트 연산자의 사용 형식은 변환 대상 앞에 괄호를 이용하여 데이터형을 기입하면 된다.

↗ 캐스트 연산자의 기본 형식

(데이터형) 변환 대상

변환 대상은 상수, 변수, 수식 등이다.

[예시 3-8] 캐스트 연산자의 사용 예

① (int)1.23;	←	실수 1.23이 정수형으로 변환
② int a=12;		
(float)a;	←	정수형 a가 실수형으로 변환
③ (float)(a+b);	←	a+b의 결과가 실수형으로 변환

```
#include 〈iostream〉
using namespace std;
int main()
{
float a, b, c, d;
int x, y;
a=1.56, b=2.45;
c=1.56, d=2.45;
x=(int)a+(int)b;                    //x는 실수형//x=1+2=3
y=c+d;                              //y는 실수형//y=1.56+2.45=4
cout〈〈"x = "〈〈x〈〈endl;
cout〈〈"y = "〈〈y〈〈endl;
return 0;
}
```

↗ 실행 결과

```
x = 3
y = 4
```

↗ 해설

- (int)a+(int)b=1+2=3이고 좌측 x의 데이터형은 int형이므로 x에 3이 대입된다.
- c와 d는 float형이므로 c+d=1.56+2.45=4.01이고 좌측 y의 데이터형은 int형이므로 y에 4가 대입된다.

3.10 연산자 우선순위

　지금까지 C++ 언어에서 제공하는 다양한 연산자에 대해서 알아보았다. 하나의 수식에 여러 개의 연산자가 사용될 경우에는 연산자 우선순위에 주의해야 한다. 우선순위가 동일한 연산자로 결합된 식 내에서의 연산은 연산의 방향에 의거하여 연산이 수행된다. 연산자의 우선순위를 잘 모르는 경우에는 괄호를 사용하여 연산자의 우선순위를 표시해 주는 방법이 가장 좋다.

우선순위	연산자의 종류		연산자	연산 방향
1	식 · 구조체 · 공용체 연산자		() [] . ->	좌 → 우
2	단항 연산자		! ~ ++ -- - (데이터형) * & sizeof	좌 ← 우
3	이항 연산자	산술 연산자	* / %	좌 → 우
4			+ -	
5		비트 이동 연산자	〈〈 〉〉	
6		관계 연산자	〈 〈= 〉 〉=	
7			== !=	
8		비트 논리 연산자	&	
9			·	
10			|	
11		논리 연산자	&&	
12			||	
13	조건 연산자		?:	좌 ← 우
14	복합 대입 연산자		= += -= *= /= %= |= ·= &= 〉〉= 〈〈=	좌 ← 우
15	나열 연산자		,	좌 → 우

[표 3-7] 연산자의 우선순위

예제 프로그램 3-12

```
#include <iostream>
using namespace std;
int main()
{
  int a=2, b=5, c, d;
  c=3+b*++a;                    //a=3, c=18
  d=c-a+b;
  cout<<"a="<<a<<", b="<<b<<", c="<<c<<", d="<<d<<endl;
  return 0;
}
```

↗ 실행 결과   a=3, b=5, c=18, d=20

↗ 해설

• c=3+b*++a에서 연산자 우선순위는 ++, *, +, =이다. ++a에서 a는 3이고 b*++a는 15, 3+(b*++a) 는 18이 되어 c에 대입된다.

• d=c-a+b에서 -와 +의 연산 우선순위는 동일하다. 이와 같은 경우에 이항 연산자의 연산 방향은 좌측에서 우측으로 수행되므로 c-a는 15이고 (c-a)+b는 20이 되어 d에 대입된다.

연습 문제(객관식)

1. 다음 중 산술 연산자가 아닌 것은?

   ① +   ② -

   ③ %   ④ =

2. 다음 중 관계 연산자가 아닌 것은?

   ① <   ② <<

   ③ <=   ④ ==

3. 7% 3의 실행 결과는 얼마인가?

   ① 7   ② 3

   ③ 1   ④ 2

4. b=5일 때 a=b++에서 a와 b의 값은 얼마인가?

   ① a=5, b=6   ② a=5, b=5

   ③ a=6, b=5   ④ a=6, b=6

5. b=5일 때 a=--b에서 a와 b의 값은 얼마인가?

   ① a=5, b=4   ② a=4, b=4

   ③ a=4, b=5   ④ a=5, b=5

6. 다음 프로그램의 실행 결과는?

```cpp
#include <iostream>
using namespace std;
int main()
{
    int x, y;
    x=10;
    y=(x>5) ? 20 : 30;
    cout<<"y="<<y<<endl;
    return 0;
}
```

① y=5

② y=10

③ y=20

④ y=30

7. 다음 프로그램의 실행 결과는?

```cpp
#include <iostream>
using namespace std;
int main()
{
    int a, b, c;
    b=(a=5, a+1), c=b/2;
    cout<<"c="<<c<<endl;
    return 0;
}
```

① c=3

② c=5

③ c=6

④ c=7

8. 다음 프로그램의 실행 결과는?

```
#include 〈iostream〉
using namespace std;
int main()
{
  char a;
  cout〈〈"a="〈〈sizeof(a)〈〈"byte"〈〈endl;
  return 0;
}
```

① a=1byte   ② a=2byte

③ a=3byte   ④ a=4byte

9. 변수들이 다음과 같이 선언되어 있을 때 x에 기억되는 값이 다른 것은 무엇인가?

```
int  a=3, b=6, c=0, x;
```

① x = a<b;   ② x = a&&b;

③ x = (int)1.5 + 0.5;   ④ x = 1<!(a&&c);

10. 다음 중 연산자의 우선순위가 제일 빠른 것은?

① ++   ② %

③ ==   ④ &&

연습 문제(주관식)

1. 수식 a=a+6; 을 복합 대입 연산자로 바꾸시오.

2. 다음 프로그램의 실행 결과를 적으시오.

```
#include 〈iostream〉
using namespace std;
int main()
{
  int a=5, b=0, c=!a, d=!b ;
  cout〈〈"a&&b ="〈〈(a&&b)〈〈", allb = "〈〈(allb) ;
  cout〈〈", !5 = "〈〈c〈〈", !0 = "〈〈d〈〈endl
  return 0; ;
}
```


3. 다음 프로그램의 실행 결과를 적으시오.

```
#include 〈iostream〉
using namespace std;
int main()
{
  int a, b, c;
  a=b=10;
  c=a+b++;
  cout〈〈"a="〈〈a〈〈", b="〈〈b〈〈", c="〈〈c〈〈endl;
  return 0;
}
```

4. 선행 증감 연산자와 후행 증감 연산자의 차이점을 설명하시오.

5. 입력된 어떤 정수가 짝수인지 홀수인지를 판단하는 프로그램을 조건 연산자를 이용하여 작성하시오.

연습문제 정답

객관식   1. ④   2. ②   3. ③   4. ①   5. ②   6. ③   7. ①   8. ①   9. ④   10. ①

주관식   1. a+=6   2. a&&b=0, a||b=1, !5=0, !0=1   3. a=10, b=11, c=20

         4. ① 선행 증감 연산자 : 먼저 변수의 값을 1 증감 시킨 후에 증감된 변수값을 이용해서 다른 연산이 수행 되도록 함.

           ② 후행 증감 연산자 : 주어진 변숫값을 이용해서 다른 연산이 수행되도록 한 후에 변수값을 1 증감시킴

         5. a=(a%2==0)? 짝수: 홀수;

PART 04

제어문

- 제어문의 종류에 대하여 알아본다.
- 선택문의 종류와 각 기능에 대해서 알아본다.
- 반복문의 종류와 각 기능에 대해서 알아본다.
- 점프문의 종류와 각 기능에 대해서 알아본다.

제어문

4.1 제어문의 종류

프로그램의 실행 순서를 제어하는 명령문을 제어문(control statement)이라 하며, 제어문에는 선택문, 반복문, 점프문이 있다.

구분	연산자
선택문	if 제어문(if문, if~else문, 복합 if~else문, 중첩 if문), switch~case문
반복문	for문, while문, do~while문
점프문	break문, continue문, goto문

[표 4-1] 제어문의 종류

4.2 선택문

주어진 조건에 따라 특정 문장만 선택하여 실행할 수 있게 해주는 제어문이다.

4.2.1 if문

if문은 조건식(관계 연산자 또는 논리 연산자를 사용해서 표현되는 식)을 평가하여 참인 경우에만 블록(block) 안의 문장을 순차적으로 실행한다. 만약 if문에서 실행하여야 할 문장이 하나인 경우(단문)에는 블록({})을 생략해도 무방하지만 if문에 속한 문장이 여러 개인 경우(복문)에는 이들 문장을 반드시 블록으로 묶어 주어야 한다.

```
if(조건식)
  {
    문장 1;
    문장 2;
       ⋮
    문장 n;
  }
```

예제 프로그램 4-1

```cpp
#include <iostream>
using namespace std;
int main()
{
  int a,b;
  cout<<"a?"<<" and "<<"b? ";
  cin>>a>>b;
  if(a>b)
    cout<<"max=a"<<endl;                    //단문(블록 생략 가능)
  cout<<"a="<<a<<" and "<<"b="<<b<<endl;    //if문의 조건식에 상관없이 실행됨
  return 0;
}
```

▼ 실행 결과 1	a? and b? 100 50 [Enter↵] max=a a=100 and b=50	실행 결과 2	a? and b? 50 100 [Enter↵] a=50 and b=100

▼ 해설

• 키보드로 입력된 a와 b값에 대해 a>b가 만족하는 경우에만 if문 내의 printf문이 실행된다. 단문인 경우에는 블록을 생략해도 무방하다.

4.2.2 if~else문

if~else문은 조건식이 참이면 if문의 블록 안에 있는 문장들을 실행하고, 거짓이면 else문의 블록 안에 있는 문장들을 실행한다(양자 택일문). if문이나 else문에 속한 문장이 단문인 경우에는 블록을 생략해도 무방하다.

↗ if~else문의 사용 형식

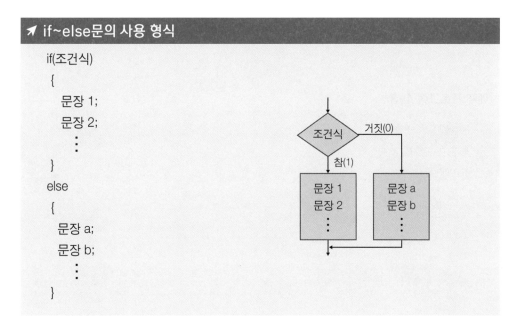

```
if(조건식)
{
    문장 1;
    문장 2;
        ⋮
}
else
{
    문장 a;
    문장 b;
        ⋮
}
```

예제 프로그램 4-2

```cpp
#include <iostream>
using namespace std;
int main()
{
 int a;
 cout<<"a? ";
 cin>>a;
 if((a%2)==0)
   cout<<"a는 짝수"<<endl;        //단문(if문의 블록 생략 가능)
 else
   cout<<"a는 홀수"<<endl;        //단문(else문의 블록 생략 가능)
 return 0;
}
```

↗ 실행 결과 1
```
a? 20 [Enter↵]

a는 짝수
```

실행 결과 2
```
a? 27 [Enter↵]

a는 홀수
```

↗ 해설

- if~else문은 양자택일을 해야 하는 경우에 사용된다.

예제 프로그램 4-3

```cpp
#include <iostream>
using namespace std;
int main()
{
 int a, b;
 cout<<"a? b? ";
 cin>>a>>b;
 if(a>b)
 {
  cout<<"max="<<a<<endl;
  cout<<"min="<<b<<endl;
 }
 else
 {
  cout<<"max="<<b<<endl;
  cout<<"min="<<a<<endl;
 }
 return 0;
}
```

↗ 실행 결과 1
```
a? b? 100 50 [Enter↵]
max=100
min=50
```

실행 결과 2
```
a? b? 20 200 [Enter↵]
max=200
min=20
```

✔ 해설

- if문이나 else문에 속한 문장이 복문인 경우에는 반드시 블록으로 묶어 주어야 한다.
- 프로그램 3.8과 같이 조건 연산자를 사용할 수 있다.

4.2.3 복합 if~else문

복합 if~else문은 if~else문 내에 또 다시 여러 개의 if~else문을 포함시킨 형태로써 if~else 문의 확장이다. if~else문은 양자택일을 위한 제어문인데 반해 복합 if~else문은 다중 택일을 위한 제어문이다.

✔ 복합 if~else문의 사용 형식

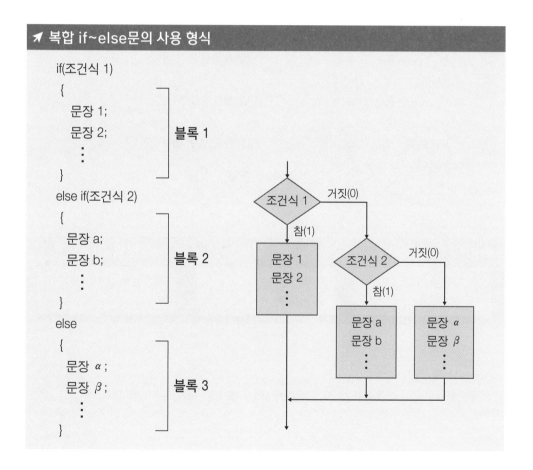

조건식 1이 참이면 블록 1의 문장들을 실행하고, 조건식 1이 거짓이면 조건식 2를 평가한다. 조건식 2가 참이면 블록 2의 문장들을 실행하고, 조건식 1과 조건식 2가 둘 다 거짓이면 블록 3의 문장들을 실행한다.

예제 프로그램 4-4

```cpp
#include 〈iostream〉
using namespace std;
int main()
{
  int a;
  cout〈〈"a? ";
  cin〉〉a;
  if(a〉0)
    cout〈〈a〈〈" = 양수"〈〈endl;        //단문(블록 생략 가능)
  else if(a〈0)
    cout〈〈a〈〈" = 음수"〈〈endl;        //단문(블록 생략 가능)
  else
    cout〈〈a〈〈" = 영"〈〈endl;          //단문(블록 생략 가능)
  return 0;
}
```

↗ 실행 결과 1	실행 결과 2	실행 결과 3
a? 10 Enter↵ 10 = 양수	a? -5 Enter↵ -5 = 음수	a? 0 Enter↵ 0 = 영

↗ 해설

- 복합 if~else문은 다중 택일문이다. if~else문 내에 또 하나의 if~else문이 포함되었다.

4.2.4 중첩 if문

중첩 if문은 if~else문이 여러 개 중첩되어 사용되는 제어문이다.

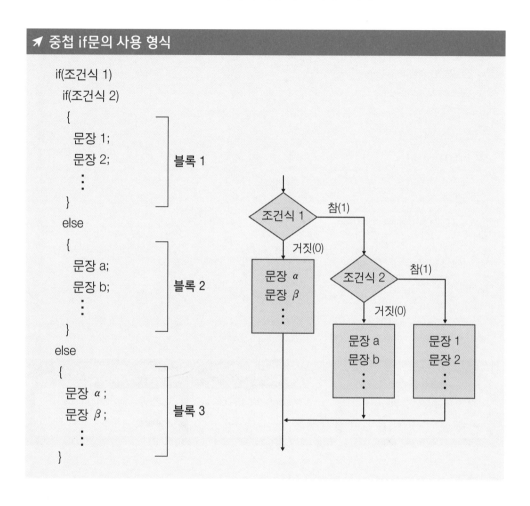

조건식 1이 참이면 조건식 2를 평가한다. 조건식 2가 참이면 블록 1의 문장들을 실행하고 거짓이면 블록 2의 문장들을 실행한다. 첫 번째 조건식 1이 거짓이면 블록 3의 문장들을 실행한다. 가장 가깝게 있는 if~else가 서로 쌍을 이루어 블록을 구성하며, else문은 불필요한 경우에 생략 가능하다.

예제 프로그램 4-5

```
#include 〈iostream〉
using namespace std;
int main()
{
  int math, eng;
  cout〈〈"math? eng? ";
  cin〉〉math〉〉eng;                //수학 점수, 영어 점수 입력
  if(math〉=60)
    if(eng〉=60)
      cout〈〈"Pass"〈〈endl;
    else
      cout〈〈"Failure"〈〈endl;
  else
    cout〈〈"Failure"〈〈endl;
  return 0;
}
```

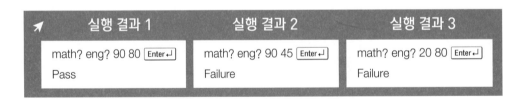

실행 결과 1	실행 결과 2	실행 결과 3
math? eng? 90 80 [Enter↵] Pass	math? eng? 90 45 [Enter↵] Failure	math? eng? 20 80 [Enter↵] Failure

↗ **해설**

• if~else문이 한 개 중첩된 중첩 if문이다. 중첩 if문에서는 가장 가깝게 있는 if~else가 서로 쌍을 이루어 블록을 구성한다.

예제 프로그램 4-6

```cpp
#include <iostream>
using namespace std;
int main()
{
  int math, eng;
  cout<<"math? eng? ";
  cin>>math>>eng;
  if(math>=60)
    if(eng>=60)
      cout<<"Pass"<<endl;
    else                    //두 번째 if문에 대응되는 else문
      cout<<"Failure"<<endl;
  return 0;
}
```

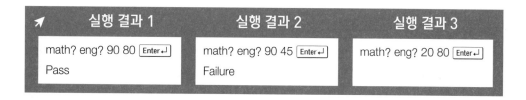

↗ 실행 결과 1	실행 결과 2	실행 결과 3
math? eng? 90 80 [Enter↵] Pass	math? eng? 90 45 [Enter↵] Failure	math? eng? 20 80 [Enter↵]

↗ **해설**

- 첫 번째 if문에 대응되는 else문이 생략되어 있다. 따라서 math가 60 미만인 경우에 실행될 문장이 없기 때문에 아무런 반응이 없게 된다(실행 결과 3).

예제 프로그램 4-7

```
#include 〈iostream〉
using namespace std;
int main()
{
  int math, eng;
  cout〈〈"math? eng? ";
  cin〉〉math〉〉eng;
  if(math〉=60)
  {                                  //첫 번째 if문의 블록의 시작
    if(eng〉=60)
      cout〈〈"Pass"〈〈endl;
  }                                  //첫 번째 if문의 블록의 끝
  else                               //첫 번째 if문에 대응되는 else문
    cout〈〈"Failure"〈〈endl;
  return 0;
}
```

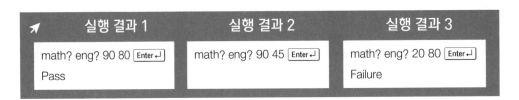

↗ 실행 결과 1	실행 결과 2	실행 결과 3
math? eng? 90 80 [Enter↵] Pass	math? eng? 90 45 [Enter↵]	math? eng? 20 80 [Enter↵] Failure

↗ **해설**

- 두 번째 if문에 대응되는 else문이 생략되어 있다. 따라서 math가 60 이상이고 eng가 60 미만인 경우에 실행될 문장이 없기 때문에 아무런 반응이 없게 된다(실행 결과 2).

4.2.5 switch~case문

switch~case문은 복합 if~else문과 같이 다중 택일을 위해 사용되는 제어문이다. switch~case문을 이용하면 프로그램을 효율적으로 작성할 수 있으며 이해하기 쉽고 수정이 간단하기 때문에 복합 if~else문보다 사용하기가 편리하다.

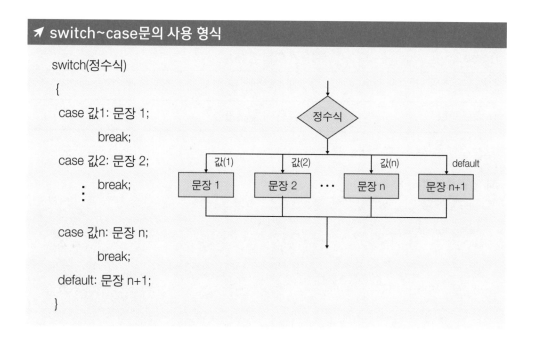

정수식의 결과값과 모든 case의 값을 비교하여 일치하는 case문의 문장을 실행한다. case의 값은 정수, 정수식, 문자 상수로만 표현되어야 하며, case와 문장은 콜론(:)으로 구분한다. 여기서 break문은 switch문의 블록을 벗어나도록 하는 제어문이다. 따라서 break문을 만나면 switch문의 블록을 빠져나오게 되지만, break문이 없는 경우에는 그 다음 case문의 문장을 실행하게 되며 마지막 case문 또는 default문의 문장을 실행하고 switch문의 블록을 빠져나온다.

만약 정수식의 결과값과 일치하는 case의 값이 없다면 default에 있는 문장을 실행하고 switch문의 블록을 빠져나오지만 default가 생략되어 있는 경우에는 아무것도 실행하지 않고 switch문을 빠져나온다.

[예시 4-1] case문의 올바른 사용 예

① case 5:	←	정수
② case 'A'+20:	←	정수식
③ case 'B':	←	문자 상수

[예시 4-2] case문의 잘못된 사용 예

① case 2.5	←	정수가 아님
② case a〉20:	←	정수가 아님(a는 변수)
③ case "YES":	←	문자열은 사용 불가능

예제 프로그램 4-8

```cpp
#include <iostream>
using namespace std;
int main()
{
 int a;
 cout<<"a? ";
 cin>>a;
 switch(a%5)
 {
  case 0: cout<<"나머지는 0"<<endl;
       break;
  case 1: cout<<"나머지는 1"<<endl;
       break;
  case 2: cout<<"나머지는 2"<<endl;
       break;
  case 3: cout<<"나머지는 3"<<endl;
       break;
  default: cout<<"나머지는 4"<<endl;
 }
 return 0;
}
```

↗ 해설

- 키보드로 입력된 a의 값이 17인 경우, 이를 5로 나눈 나머지(a%5) 2와 일치하는 값을 갖는 case 2의 문장을 실행한다. break문을 만나면 switch문의 블록을 빠져나오게 된다.
- 키보드로 입력된 a의 값이 19인 경우, 이를 5로 나눈 나머지(a%5) 4와 일치하는 값을 갖는 case문이 없으므로 default문의 문장을 실행하고 switch문의 블록을 빠져나온다.

예제 프로그램 4-9

```cpp
#include <iostream>
using namespace std;
int main()
{
 int a;
 cout<<"a?(2-6) ";
 cin>>a;
 cout<<a<<"보다 작은 양의 정수는?"<<endl;
 switch(a)
 {
 case 6: cout<<"5"<<endl;
 case 5: cout<<"4"<<endl;
 case 4: cout<<"3"<<endl;
 case 3: cout<<"2"<<endl;
 default: cout<<"1"<<endl;
 }
 return 0;
}
```

실행 결과 1	a?(2-6) 4 Enter↵
	4보다 작은 양의 정수는?
	3
	2
	1

실행 결과 2	a?(2-6) 2 Enter↵
	2보다 작은 양의 정수는?
	1

✔ 해설

- 키보드로 입력된 a의 값과 일치하는 값을 갖는 case문의 문장을 실행한다. 또한, break문이 없기 때문에 아래의 문장을 순차적으로 실행하고 switch문의 블록을 빠져나온다.
- a의 값과 일치하는 case의 값이 없으면 default문의 문장을 실행하고 switch문의 블록을 빠져 나온다.

4.3 반복문

주어진 조건을 만족할 때까지 일련의 문장들을 반복적으로 실행하도록 하는 제어문이다. 이때 실행이 반복되는 지정된 범위를 루프(loop)라고 한다.

4.3.1 for문

for문은 먼저 초깃값으로 조건식을 평가하여 참이면 블록 안의 문장을 순차적으로 실행한다. 그다음 증감식을 연산한고 다시 조건식을 평가하여 참인 동안 for문의 루프를 반복실행한다.

✒ for문의 사용 형식

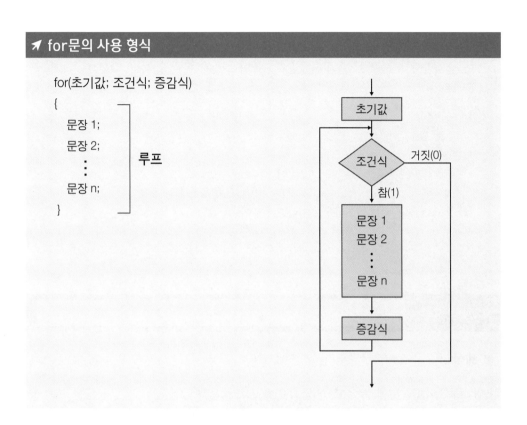

```
for(초기값; 조건식; 증감식)
{
    문장 1;
    문장 2;
       ⋮                루프
    문장 n;
}
```

[예시 4-3] for문의 사용 예

① for(i=1; i<=10; i++)	→	i=1은 초기화, i++는 재 초기화
	→	i=1부터 i=10까지 for 루프를 실행
② for(i=1, j=1; i+j<=10; i++, j++)	→	초깃값과 증감식이 두 개 이상인 경우에는 콤마로 분리
③ for(; ;)	→	초깃값, 조건식, 증감식을 생략하면 무한 루프
④ for(i=1; i<10; i++) 　for(j=1; j<5=; j++)	→	for문 내에 또 다른 for문을 포함 가능(다중 for문)

예제 프로그램 4-10

```cpp
#include <iostream>
using namespace std;
int main()
{
  int i, sum;
  sum=0;
  for(i=1; i<=10; i++)              //i=i+1
    sum+=i;                         //sum=sum+i //단문(블록 생략 가능)
  cout<<"1+2+...+10 = "<<sum<<endl;
  return 0;
}
```

↗ **실행 결과**

```
1+2+...+10 = 55
```

↗ **해설**

- for문을 이용해서 1에서부터 10까지의 합을 계산하는 프로그램이다.
- 초깃값은 i=1이고 조건식 i<=10을 만족하므로 for문의 문장 sum+=i가 실행된다. 증감식 i++에 의해 i=2로 증가되고 이때도 조건식이 만족되므로 sum+=i가 실행된다. 최종으로 i=11이 되면 조건식이 거짓이므로 for 루프를 빠져나온다.

예제 프로그램 4-11

```cpp
#include <iostream>
using namespace std;
int main()
{
  int i, sum;
  sum=55;
  for(i=10; i>=1; i--)                    //i=i-1
    sum-=i;                               //sum=sum-i
  cout<<"55-10-9-...-1 = "<<sum<<endl;
  return 0;
}
```

↗ 실행 결과

55-10-9-...-1 = 0

↗ 해설

• 55로부터 반복적으로 10, 9, …,1을 감소시키는 프로그램이다.

4.3.2 while문

while문은 조건식을 평가하여 참인 동안 while 루프 내의 문장을 반복 실행한다. 만약 조건식이 거짓이면 while 루프를 빠져나오며, while문에 속한 문장이 단문인 경우에는 블록을 생략할 수 있다.

⬀ for문의 사용 형식

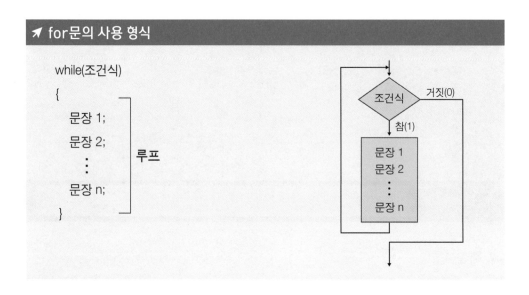

예제 프로그램 4-12

```
#include 〈iostream〉
using namespace std;
int main()
{
  int i=0, a=0;
  while(i〈10)
   {
     a=a+10;
     i++;
   }
  cout〈〈"10+10+...+10="〈〈a〈〈endl;
   return 0;
}
```

↗ 해설

• while 루프 내의 문장을 i=0부터 i=9까지 총 10회 반복 실행하여 a=100이 된다.

4.3.3 do~while문

do~while문은 먼저 do문의 루프를 실행한 후에 조건식을 평가하여 그 결과가 참이면 do 루프를 반복 실행하고, 거짓이면 do 루프를 벗어나 다음 문장을 실행한다. while문은 최초에 조건식이 거짓이면 while 루프 내의 문장을 한 번도 실행하지 않게 되지만 do~while문은 최소한 한 번은 do 루프를 실행한다. do~while문은 반드시 while문 내의 조건식 뒤에 세미콜론(;)을 기입해 주어야 하며 반복되는 문장이 단문인 경우에는 블록을 생략해도 좋다.

↗ do~while문의 사용 형식

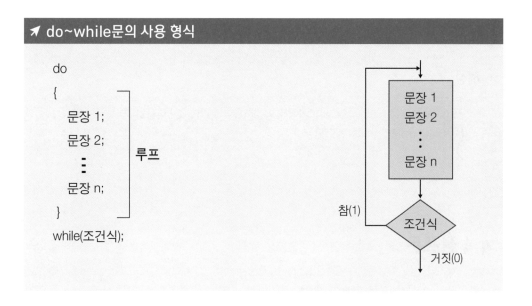

```cpp
#include <iostream>
using namespace std;
int main()
{
  int a;
  do
  {
    cout << "a? ";
    cin >> a;
    cout << "data=" << a << endl;
  }
  while(a!=0);
  return 0;
}
```

↗ **실행 결과 1**

```
a? 100 Enter↵
data=100
a? 0 Enter↵
data=0
```

실행 결과 2

```
a? 0 Enter↵
data=0
```

↗ **해설**

- 먼저 do 루프 내의 문장을 실행하여 키보드로 입력한 a의 값이 0이 아니면 do 루프가 반복 실행
되고, 0이면 do 루프를 빠져나오게 된다.

4.4 점프문

점프문(jump)문은 프로그램의 제어를 특정 부분으로 강제적으로 이동시키거나 루프에
서 빠져나오게 하는 제어문이다.

4.4.1 break문

break문은 switch~case문의 블록이나 for문, while문, do~while문 내의 루프를 실행하는 도중에 강제적으로 블록이나 루프로부터 탈출하고자 할 때 사용되는 제어문이다. break문을 switch~case문 이외에서 사용할 때는 if문과 함께 사용된다. break문은 자신이 포함되어 있는 루프만 탈출하기 때문에 여러 개의 중첩된 루프를 탈출하려면 중첩된 각 루프 내에 break문을 사용하여야 한다.

✔ break문의 사용 형식

```
break;
```

예제 프로그램 4-14

```cpp
#include <iostream>
using namespace std;
int main()
{
  int i, a;
  a=0;
  for(i=0; i<10; i++)
   {
     a=a+1;
     if(a==5)
        break;
   }
  cout<<"a="<<a<<endl;
  return 0;
}
```

✔ 실행 결과

```
a=5
```

☞ 해설

> • a의 값이 5가 되면 break문에 의해 for 루프를 탈출한다.

4.4.2 continue문

continue문은 for문, while문, do~while문과 같은 반복문 내에서 사용된다. 루프의 실행 과정에서 continue문을 만나면 continue 이후의 문장은 건너뛰고 다시 조건식을 평가한다.

☞ continue문의 사용 형식

```
continue;
```

예제 프로그램 4-15

```cpp
#include <iostream>
using namespace std;
int main()
{
  int i, sum;
  sum=0;
  for(i=1; i<=5; i++)
   {
    cout<<"continue i="<<i<<endl;
    if(i==3)
      continue;                        //i가 3이면 continue 이하의 문장을 건너뜀
    sum=sum+i;
    cout<<"       sum="<<sum<<endl;
   }
  cout<<"end"<<endl;
  return 0;
}
```

```
continue i=1
        sum=1
continue i=2
        sum=3
continue i=3
continue i=4
        sum=7
continue i=5
        sum=12
end
```

↗ 해설

• break문을 만나면 for 루프를 완전히 벗어나지만 continue문을 만나면 continue문 이하의 문장
  은 실행되지 않고 다시 조건식을 평가한 후에 for 루프를 실행한다.

4.4.3 goto문

goto문은 프로그램을 실행하는 도중에 해당 레이블명이 있는 문장으로 프로그램의 제
어를 강제적으로 이동시킨다.

↗ goto문의 사용 형식

```
        ⋮
    goto 레이블명;
        ⋮
레이블명 : 문장;
```

레이블 표시가 붙은 문장은 goto문보다 앞에 나올 수도 있고 뒤에 나올 수도 있다. 레이
블명은 변수명을 정하는 규칙과 동일하게 작성하며 레이블명과 문장은 콜론(:)으로 구분
한다. 일반적으로 한 개의 루프를 빠져나오는 경우에는 break문이 유용하지만, goto문은
다중 루프를 벗어나고자 할 때 편리하다. 그러나 goto문은 동일 함수 내에서만 효력이 발
생하며 다른 함수로 프로그램의 제어를 이동시킬 수는 없다.

```
#include <iostream>
using namespace std;
int main()
{
  int i=1;
  first: cout << i << "번째 실행" << endl;
  i++;
  if(i <=3)
     goto first;
  return 0;
}
```

↗ 실행 결과	1번째 실행 2번째 실행 3번째 실행

↗ **해설**

• i의 값이 3이하이면 레이블명이 first인 문장으로 프로그램의 실행을 옮긴다.

```
#include <iostream>
using namespace std;
int main()
{
 int i=1, count=0, n;
 while(1)                                    //무한 루프
  {
   cout<<i<<"번째 숫자 입력"<<endl;
   cin>>n;
   if(n==7)
    ++count;                                //count=count+1
   if(++i>5)                                //i=i+1 //숫자를 5번 입력
     goto last;
  }
 last: cout<<"7은 "<<count<<"회 입력되었음"<<endl;
 return 0;
}
```

↗ 실행 결과

```
1번째 숫자 입력
5 [Enter↵]
2번째 숫자 입력
7 [Enter↵]
3번째 숫자 입력
4 [Enter↵]
4번째 숫자 입력
7 [Enter↵]
5번째 숫자 입력
6 [Enter↵]
7은 2회 입력되었음
```

↗ 해설

• while(1)은 무한 루프를 나타내며 for(; ;)와 동일하다. 숫자의 입력 횟수가 5회 이상이면 goto문에 의해 while 루프를 벗어난다.

연습 문제(객관식)

1. 다음 중 반복문이 아닌 것은?

① for문　　　　　　　　② switch~case문

③ while문　　　　　　　④ do~while문

2. 다음과 같은 문장이 실행된 다음 변수 b에 저장되는 값은?

```
int a=4, b=3;
if(!(a%4))
    if(!(++b %3))
        b += 3;
else b += 2;
```

① 7　　　　　　　　　② 6

③ 5　　　　　　　　　④ 9

3. 다음과 같은 문장이 실행된 다음 변수 b에 저장되는 값은?

```
int a=4, b=3;
if(!(a%4))
    if(!(b++ %3))
        b += 3;
else b += 2;
```

① 7　　　　　　　　　② 6

③ 5　　　　　　　　　④ 9

4. 다음 중 무한 루프 문이 아닌 것은?

① while(1)   ② while(3)
③ for(; ;)   ④ while(0)

5. 다음과 같은 문장이 실행된 다음 변수 a에 저장되는 값은?

```
int a=4, b=3;
while(++b < 5)
       a += 1;
       a += b;
```

① 10   ② 11
③ 12   ④ 13

6. 다음과 같은 문장이 실행된 다음 변수 a에 저장되는 값은?

```
int a=4, b=3;
while(b++ < 5)
       a += 1;
       a += b;
```

① 10   ② 11
③ 12   ④ 13

7. 조건식의 참 또는 거짓에 관계없이 적어도 한 번은 루프를 실행하게 되는 반복문은?

① for문   ② switch~case문
③ while문   ④ do~while문

8. 다중 루프를 벗어나고자 할 때 사용될 수 있는 점프문은?

① break문   ② goto문
③ continue문   ④ while문

9. 다음과 같은 문장이 실행된 다음 변수 sum에 저장되는 값은?

```
int i=0, sum=0;
while(i<6)
  {
   i++;
   if((i%3) == 0)
     continue;
   sum += 1;
  }
    cout<<sum;
```

① 2
② 4
③ 6
④ 8

10. switch~case문에서 case문의 올바른 사용 예로 맞는 것은?

① case 2:
② case 7.5:
③ case a>4:
④ case "ABC":

연습 문제(주관식)

1. 다음의 if~else문을 조건 연산자로 표현하시오.

```
if(a〉b)
    max=a;
else
    max=b;
```

2. 키보드로 점수를 입력받아 해당 점수의 학점(A, B, C, D, F)을 출력하는 프로그램을 복합 if~else문을 사용하여 작성하시오.

3. 키보드로 입력된 두 정수에 대해 큰 수와 작은 수를 판별하는 프로그램을 if문을 사용하여 작성하시오.

4. 키보드로부터 임의 개수의 정수를 입력받아 총합과 평균을 계산하는 프로그램을 while문을 사용하여 작성하시오. 단, 0을 입력하면 데이터의 입력이 종료되도록 작성하시오.

5. while문과 do~while문의 차이점을 설명하시오.

PART 05

배열과 포인터

- 배열의 개념과 선언 방법에 대하여 알아본다.
- 데이터가 메모리에 배치되는 방식과 컴퓨터 메모리의 주소에 대해서 알아본다.
- 1차원 배열, 2차원 배열의 초기화 방법에 대해서 알아본다.
- 문자형 배열과 문자열형 배열에 대해서 알아본다.
- 포인터의 개념과 포인터의 선언 및 초기화 방법에 대하여 알아본다.
- 배열과 포인터의 관계에 대해서 알아본다.
- char형 포인터를 이용해서 문자열을 처리하는 방법에 대해서 알아본다.
- 포인터 배열의 선언과 초기화 방법에 대해서 알아본다.

PART 05

배열과 포인터

5.1 배열이란

5.1.1 배열의 선언

변수를 사용해서 데이터를 저장하는 경우 각 변수에는 하나의 데이터 값만을 저장할 수 있었다. 따라서 학생 수가 100명인 A반 학생들의 각 모의고사 성적을 데이터 값으로 입력받아 학급의 평균점수나 성적 순위를 매기는 프로그램을 작성하려면 데이터 값을 저장하기 위해 변수가 100개 필요할 것이다.

> int a_1, a_2, ···, a_100;　　←　　int형 변수 100개(a_1, a_2, ···, a_100)를 선언

그러나 변수의 수가 많아지면 이들 변수를 하나하나 선언하고 초기화하는 것이 매우 불편할 뿐만 아니라 프로그램이 길어지고 복잡하게 된다. 이때 편리하게 사용할 수 있는 것이 배열(array)이다.

> int a[100];　　←　　int형 배열 요소 100개(a[0], a[1], ···, a[99])를 선언

배열은 동일한 형태의 데이터를 갖는 변수들을 하나의 대표 변수명으로 선언해 사용하는 것으로서 이때 사용된 대표 변수를 배열이라 부른다.

✎ 기본형식(배열 선언)

데이터형　배열명[첨자][첨자] ··· ;

배열은 대괄호([]) 기호를 사용하여 나타내며, 배열도 일종의 변수이기 때문에 사용하기 위해서는 이에 앞서 반드시 선언해 주어야 한다. 배열명은 2장에서 설명한 변수명의 작성 규칙에 따라 작성한다. 배열명 뒤에 []가 하나이면 1차원 배열, 2개이면 2차원 배열… 등이라 부르는데, 3차원 이상의 배열은 특수한 경우를 제외하고는 거의 사용되지 않는다.

[] 안의 첨자는 배열의 크기를 지정하는 것으로서 배열을 구성하는 요소의 개수를 나타낸다. 이때 첨자는 양의 정수값으로 설정되어야 하며 배열의 크기가 n인 경우 첫 번째 배열 요소의 첨자는 0, 마지막 배열 요소의 첨자는 n-1이다. 데이터형은 각 배열 요소에 저장할 데이터 값의 형태를 지정하는 것이다.

[예시 5-1] 배열 선언

① int a[10];	←	1차원 배열
↓	←	배열의 크기가 10인 int형 배열 a
행(row)	←	확보되는 배열 요소는 a[0], a[1], …, a[9]이고, 각 배열 요소에 할당되는 메모리 사이즈는 4바이트
② char b[2][3];	←	2차원 배열
행(row) ↵ ↓	←	배열의 크기가 2(행)×3(열)=6인 char형 배열 b
열(column)	←	확보되는 배열 요소는 b[0][0], b[0][1], b[0][2], b[1][0], b[1][1], b[1][2]이고, 각 배열 요소에 할당되는 메모리 사이즈는 1바이트

5.1.2 메모리와 데이터 배치

컴퓨터는 프로그램에 입력된 데이터들을 메모리에 저장해 두고 처리해 나간다. 메모리에는 식별을 위해 메모리의 선두를 0으로 하는 연속된 번호가바이트 단위로 부여되어 있는데, 이들 번호를 번지라 부른다.

번지는 메모리의 위치, 즉 주소(address)를 나타낸다. 예를 들어, 정수형을 4바이트로 처리하는 경우 25라는 정수값이 저장된 메모리의 시작 주소가 50번지라면, 이는 정수값 25가 메모리의 선두로부터 50번째~53번째 위치한 곳에 저장되어 있다는 것을 의미한다.

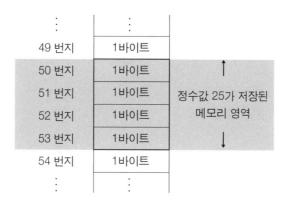

메모리의 주소를 이용하면 메모리에 저장되어 있는 데이터를 보다 효율적으로 관리할 수 있다. 그러나 데이터가 상수인 경우에는 데이터가 저장된 주소를 알아낼 수 없기 때문에 직접 주소를 조작하는 것은 불가능하다.

그러나 변수를 사용하게 되면 **주소 연산자(&)**를 이용하여 간접적으로 데이터가 저장된 주소를 알아낼 수 있다. 변수를 선언하면 선언된 데이터형에 맞는 메모리 사이즈가 할당되는데 지정되는 메모리 영역은 컴파일러의 종류에 따라 다르다. 주소 연산자 &는 변수명 앞에 붙여 사용하며 해당 변수에 대해 컴파일러가 지정해 주는 메모리의 시작 주소를 나타내준다.

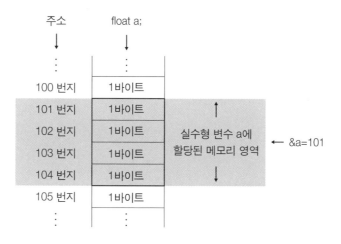

메모리의 주소와 주소 연산자에 대한 개념은 나중에 설명될 포인터(pointer)를 이해하기 위해 반드시 알고 있어야 할 기초적인 내용들이다.

5.1.3 배열과 메모리

배열을 선언하면 확보된 각 배열 요소는 메모리상에 연속하여 배치되며, 배열명에는 할당된 메모리 영역의 시작 주소가 수록된다. 변수와 마찬가지로 주소 연산자(&)를 배열 요소 앞에 붙여 사용하면 해당 배열 요소의 시작 주소를 나타낸다.

배열명 a에는 할당된 메모리 영역의 시작 주소가 수록되므로 a=&a[0]의 관계가 성립된다.

5.2 배열의 초기화

배열이 선언되면 특정 메모리 영역이 할당되는데, 할당된 메모리상에는 원래 차지하고 있던 쓰레기값이 저장되어 있다. 따라서 변수와 마찬가지로 배열에 저장하고자 하는 값을 새롭게 지정하여 초기화시켜 주어야 한다.

5.2.1 1차원 배열

배열의 초기화는 변수처럼 선언 뒤에 각 배열 요소 하나하나에 데이터 값을 입력하여 초기화할 수 있다. 그러나 초기화가 선언과 동시에 이루어지는 경우에는 중괄호({ })를 이용해서 일괄적으로 데이터를 저장시킬 수 있는데, 중괄호 안에 각 배열 요소에 기억시킬 데이터를 차례대로 열거하고 데이터 값 사이는 콤마(,)로 구분하면 된다.

[예시 5-2] 1차원 배열의 초기화

① int name[3];
　　name[0]=10;
　　name[1]=20;
　　name[2]=30;
	←	int형 배열 name을 선언 뒤, 각 배열 요소의
		데이터 값을 초기화

② int name[3]={10, 20, 30};	←	배열 선언과 동시에 초기화

③ int name[ ]={10, 20, 30};	←	배열 선언과 동시에 초기화시키는 경우에는 [ ]안에 첨자를 생략해도 무방하다.
	←	컴파일러는 { }내의 데이터 수를 계산하여 필요한 수만큼의 배열 요소를 자동으로 생성한다.

	name[0]	name[1]	name[2]
배열 name →	10	20	30

← 4바이트 →← 4바이트 →← 4바이트 →

④ char name[3]= {'A', 'B', 'C'};	←	char형 배열(문자형 배열)의 초기화

	name[0]	name[1]	name[2]
배열 name →	A	B	C

← 1바이트 →← 1바이트 →← 1바이트 →

[예시 5-3] 주의 사항

① int name[5]={10,20,30};	←	배열 요소의 수가 초기치보다 많으면 나머지 배열 요소에는 0이 할당된다.

	name[0]	name[1]	name[2]	name[3]	name[4]
배열 name →	10	20	30	0	0

② int name[3]={10,20,30,40,50};	←	초기값들의 개수가 배열 요소의 수보다 많으면 에러(error)가 발생한다.

예제 프로그램 5-1

```cpp
#include <iostream>
using namespace std;
int main()
{
 int i;
 int a[]={10,20,30};
 int b[3]={100,200};
 for(i=0; i<3; i++)
   cout<<"a["<<i<<"]="<<a[i]<<", ";
 cout<<endl;
 for(i=0; i<3; i++)
   cout<<"b["<<i<<"]="<<b[i]<<", ";
 cout<<endl;
 return 0;
}
```

↗ **실행 결과**

```
a[0]=10, a[1]=20, a[2]=30
b[0]=100, b[1]=200, b[2]=0
```

↗ **해설**

- 배열 a[]에서 첨자를 생략하였으므로 컴파일러는 { } 내의 데이터 수를 계산하여 3개의 배열 요소 a[0], a[1], a[2]를 자동으로 생성한다.
- 배열 b[3]에서 지정한 배열 요소의 수가 초기치보다 많으므로 나머지 배열 요소 b[2]는 0으로 초기 화된다.

5.2.2 2차원 배열

2차원 배열은 첨자가 2개인 배열로 행렬(matrix) 형태의 평면 구조를 갖는다.

2차원 배열의 각 배열 요소가 메모리에 배치되는 순서는 행을 우선으로 하기 때문에 실제로 메모리상에 구현될 때는 다음과 같이 일차원적으로 배치된다.

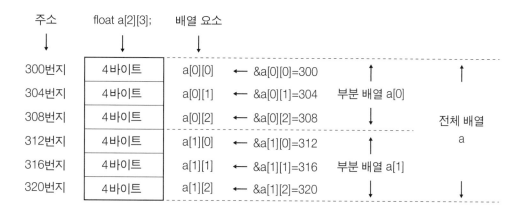

배열명 a에는 배열 전체에 할당된 메모리 영역의 시작 주소가 수록되므로 a=&a[0][0]의 관계가 성립된다. 또한, 첫 번째 행에 대응되는 부분 배열 a[0]에는 부분 배열 a[0]에 할당된 메모리 영역의 시작 주소인 &a[0][0]가 수록되고, 두 번째 행에 대응되는 부분 배열 a[1]에는 부분 배열 a[1]에 할당된 메모리 영역의 시작 주소인 &a[1][0]가 수록된다.

2차원 배열에서는 행 단위로 초기화가 이루어지므로 배열의 선언과 동시에 어떤 값을 초기화시키려면 그에 알맞은 형태로 초기값들을 차례대로 열거해야 한다.

[예시 5-4] 2차원 배열의 초기화

① int score[2][3]={10, 20, 30, 40, 50, 60};	←	1차원 배열로 펼쳐서 초기화
② int score[2][3]={{10, 20, 30}, {40, 50, 60}};	←	행 단위로 그룹화시켜서 초기화

③ int score[2][3]={
　　　　{10, 20, 30},
　　　　{40, 50, 60}
　　　　};
	←	행 단위로 그룹화시켜서 초기화

④ nt score[ ][3]={{10, 20, 30}, {40, 50, 60}};	←	행의 개수를 나타내는 첨자는 생략해도 되지만 열의 개수를 나타내는 첨자는 반드시 지정해야 함

⑤ char score[ ][5]={
　　　　{'S', 'E', 'O', 'U', 'L'},
　　　　{'K', 'O', 'R', 'E', 'A'}
　　　　};
	←	2차원 문자형 배열의 선언과 초기화

예제 프로그램 5-2

```cpp
#include <iostream>
using namespace std;
int main()
{
int i;
int a[2][3]={{10,20,30}, {40,50,60}};
cout<<"초기값(0행)--->";
for(i=0; i<3; i++)
   cout<<"a[0]["<<i<<"]="<<a[0][i]<<", ";
      cout<<endl;
cout<<"초기값(1행)--->";
for(i=0; i<3; i++)
   cout<<"a[1]["<<i<<"]="<<a[1][i]<<", ";
      cout<<endl;
 return 0;
}
```

✦ 해설

• 2차원 배열은 행을 기준으로 초기화된다.

5.3 문자열과 char형 배열

C++에는 문자형 변수는 있지만, 문자열형 변수는 존재하지 않는다. 컴퓨터는 영문자
와 특수문자 한 문자를 1바이트로 처리하는데, 변수를 char형으로 선언하면 변수에는 1
바이트의 메모리만 할당되므로 선언된 변수에는 하나의 영문자나 특수문자만을 저장할
수 있다.

C++에서는 char형 배열을 이용해서 문자열을 표현할 수 있으며, 선언 시 다음과 같은
형태로 초기화한다.

char a[5]="Good" ;   ←   문자열형 배열의 초기화

여기서 문자열 "Good"는 4개의 문자로 구성되어 있지만 배열의 크기는 반드시 문자 개
수보다 하나 더 많은 5개로 지정해야 한다. 그 이유는 문자열이 메모리에 저장될 때 문자
열의 끝을 알리는 공(쏜) 문자(\0)가 문자열 마지막에 자동으로 삽입되기 때문이다. 문자
열 "Good"가 문자열형 배열에 기억되는 형태는 다음과 같다.

	a[0]	a[1]	a[2]	a[3]	a[4]
배열 a →	G	o	o	d	\0

문자열은 문자형 배열을 이용하여 표현할 수 있는데, 문자형 배열이 문자열로 인식되려면 배열의 마지막 요소가 공 문자이어야 한다. 이때 공 문자(\0) 대신 숫자 0을 사용해도 된다.

> char a[5]={'G', 'o', 'o', 'd', '/0'} ;   ←   문자열형 배열의 초기화

[예시 5-5] 문자열형 배열의 초기화(1차원 배열)

① char a='A';   ← char형 변수 a에는 문자 상수 A를 저장하기 위해 1바이트 메모리가 할당된다.

변수

a →
a
A

② char a[2]="A";   ← char형 배열 a에는 문자열 상수 A를 저장하기 위해 2바이트 메모리가 할당된다. a[1]에는 문자열 인식을 위해 공 문자가 삽입된다.

배열

a →
a[0]	a[1]
A	/0

③ char a[10]="Hello";   ← 문자열이 기억된 후 나머지 배열 요소 a[6]~a[9]에는 공 문자가 삽입된다.

배열

a →
a[0]	a[1]	a[2]	a[3]	a[4]	a[5]	a[6]	a[7]	a[8]	a[9]
H	e	l	l	o	\0	\0	\0	\0	\0

④ char a[]="Hello";   ← 배열의 크기를 생략하면 필요한 수만큼의 배열 요소가 확보된다.

배열

a →
a[0]	a[1]	a[2]	a[3]	a[4]	a[5]
H	e	l	l	o	\0

[예시 5-6] 문자열형 배열의 초기화(2차원 배열)

---

char b[][6]={"HAPPY", "NEW", "YEAR"};　　← 행의 수는 문자열의 개수, 열의 수는 가장 긴

문자열을 고려하여 지정한다.

부분 배열		0열	1열	2열	3열	4열	5열
b[0] ⟶ 0행		H	A	P	P	Y	\0
b[1] ⟶ 1행		N	E	W	\0	\0	\0
b[2] ⟶ 2행		Y	E	A	R	\0	\0

예제 프로그램 5-3

```
#include <iostream>
using namespace std;
int main()
{
char a[6]={'H', 'e', 'l', 'l', 'o', '\0'};
char b[]="Hello";
cout<<"a[2] = "<<a[2]<<", b[2] = "<<b[2]<<endl;
cout<<"문자열 a = "<<a<<endl;
cout<<"문자열 b = "<<b<<endl;
 return 0;
}
```

↗ 실행 결과

```
a[2] = l, b[2] = l
문자열 a = Hello
문자열 b = Hello
```

↗ 해설

- 배열 a와 b에는 문자열 "Hello"가 기억되어 있다. 배열 요소 a[2]와 b[2]에는 영 문자 l이 기억되어 있다.
- out<<a;는 배열 a의 시작 주소에 저장된 문자와 그 이후에 연속되어 저장된 문자들을 공(空) 문자 \0)를 만날 때까지 출력한다.

예제 프로그램 5-4

```
#include <iostream>
using namespace std;
int main()
{
    char a[10];                      //char형 배열 선언
    cout<<"문자열 입력 = ";
    cin>>a;                          //문자열 입력
    cout<<"문자열 출력 ="<<a<<endl;   //문자열 출력
    return 0;
}
```

↗ 실행 결과 1	문자열 입력 = computer [Enter↵] 문자열 출력 = computer	실행 결과 2	문자열 입력 = com puter [Enter↵] 문자열 출력 = com

↗ 해설

- cin>>a;는 키보드로부터 입력된 문자열을 char형 배열 a에 저장한다.
- char형 배열 선언 시 배열의 크기는 입력될 문자열의 길이(문자열의 끝을 알리는 공 문자인 \0를 포함)를 고려하여 지정하여야 한다.
- 키보드로 문자열을 입력하는 경우에 공백 문자를 삽입하면(실행 결과2) 공백 문자 앞에 있는 문자들만 문자열로 인식되어 char형 배열 a에 저장된다.

예제 프로그램 5-5

```
#include 〈iostream〉
using namespace std;
int main()
{
char b[][6]={"HAPPY", "NEW", "YEAR"};
cout〈〈"부분 배열 b[0] = "〈〈b[0]〈〈endl;
cout〈〈"부분 배열 b[1] = "〈〈b[1]〈〈endl;
cout〈〈"부분 배열 b[2] = "〈〈b[2]〈〈endl;
return 0;
}
```

↗ 실행 결과

부분 배열 b[0] = HAPPY
부분 배열 b[1] = NEW
부분 배열 b[2] = YEAR

↗ 해설

• 부분 배열 b[0], b[1], b[2]에 각각 문자열 "HAPPY", "NEW", "YEAR"가 기억되어있다.
• cout〈〈b[0];는 부분 배열 b[0]의 시작 주소(&b[0][0])에 저장된 문자와 그 이후에 연속되어 저장된 문자들을 공(空) 문자\0를 만날 때까지 출력(문자열 HAPPY 출력)한다.

부분 배열		0열	1열	2열	3열	4열	5열
b[0]	→ 0행	H	A	P	P	Y	\0
b[1]	→ 1행	N	E	W	\0	\0	\0
b[2]	→ 2행	Y	E	A	R	\0	\0

5.4 포인터란

5.4.1 포인터의 개념

지금까지 배운 일반 변수와 배열 요소는 실제의 데이터 값을 저장하고 있으며 주소 연산자 &(and)를 사용하면 이들 변수와 배열 요소에 할당된 메모리의 시작 주소를 알아낼 수 있었다

포인터(pointer)는 일반 변수나 배열과는 달리 실제의 데이터 값을 저장하는 것이 아니라 데이터 값이 저장된 특정 메모리의 시작 주소를 값으로 갖는 변수이다. 포인터 변수는 주소 값을 가지고 해당 메모리 영역에 저장된 데이터 값을 참조하거나 조작한다.

포인터를 사용하는 목적은 메모리에 기억되어 있는 데이터를 보다 효율적이고 신속하게 관리하려는데 있다. 포인터를 사용하기 위해서는 다음과 같은 두 개의 연산자가 필요하다.

연산자	기능	사용 형식	의미
&	주소 연산자	&변수명 또는 &배열 요소 [예] &a; 또는 &b[3];	일반 변수나 배열 요소에 할당된 메모리 영역의 시작 주소를 얻는데 사용하는 연산자
*	간접(참조) 연산자	*포인터 변수명 [예] *p;	포인터가 가리키는 메모리 영역(주소) 내에 저장된 데이터 값을 참조하는 연산자

[표 5-1] 포인터 연산자

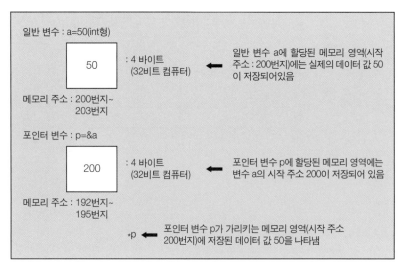

[그림 4-1] 일반 변수와 포인터 변수

5.4.2 포인터 변수의 선언 및 초기화

포인터는 변수나 배열 요소에 할당된 메모리 영역의 시작 주소를 값으로 갖는 변수이다. 포인터도 일종의 변수이기 때문에 사용하기 전에 반드시 선언해 주어야 하며 4바이트(32비트 컴퓨터)나 8바이트(64비트 컴퓨터) 크기의 메모리가 할당된다. 포인터 변수는 일반 변수와 구분하기 위해 변수명 앞에 간접 연산자인 기호 *(asterisk)를 붙여 다음과 같이 선언한다.

↗ 기본 형식(포인터 변수의 선언)

데이터형 *포인터 변수명 ;a

데이터형은 포인터 변수가 가리키는 메모리 주소에 어떤 종류의 데이터 값이 저장되어 있는지를 지정하는 것이다. 데이터형을 잘못 지정하면 포인터 변수가 가리키는 주소에 저장된 데이터 값을 참조할 수 없게 되어 오류가 발생하므로 주의해야 한다.

포인터 변수의 초기화는 일반 변수를 초기화하는 방법과 동일하지만 포인터 변수에 대입되는 값은 반드시 주소이어야 한다. 이때 주소는 임의의 숫자로 지정하면 안 되고 컴파일러에 의해 지정되는 메모리 주소를 사용해야 하므로 주소 연산자(&)를 이용하여 초기화해야 한다.

[예시 5-7] 포인터 변수의 선언 예

---

① int a;

   int *p;　　　　　　← 포인터 변수 p를 선언

   p=&a;　　　　　　← 포인터 변수 p의 값을 변수 a의 시작 주소로 초기화

---

② int a;

   int *p=&a;　　　　← 포인터 변수의 선언 및 초기화를 동시에 할 수 있음

---

③ int a, b, *p;　　　← 포인터 변수를 일반 변수와 함께 선언할 수 있음

---

④ int a;　　　　　　← 주소를 포인터 변수가 아닌 일반 변수에 대입하면 오류가 발생함

   int b=&a;

---

⑤ char a[10];

   char *p;

   p=a;　　　　　　← 포인터 변수 p의 값을 배열 a의 시작 주소로 초기화

---

⑥ char a[10];

   char *p=&a[2];　　← 포인터 변수의 선언과 동시에 p의 값을 배열 요소 a[2]의 주소로 초기화

---

⑦ char *p="abc";　　← 문자열 abc가 저장된 메모리 영역의 시작 주소를 p의 값으로 초기화

　포인터 변수가 가리키는 주소에 저장된 데이터 값을 참조하기 위해서는 포인터 변수 앞에 간접 연산자 *를 붙여 사용한다.

[예시 5-8] 포인터 변수의 사용 예

---

int a, b;　　← 일반 변수 a와 b를 선언

int *p;　　　← 포인터 변수 p를 선언

a=50;　　　← 변수 a에 할당된 메모리 영역에 a의 값으로 50을 저장

p=&a;　　　← 포인터 변수 p의 값을 변수 a의 시작 주소(108번지)로 초기화

b=*p;　　　← 포인터 변수 p가 가리키는 메모리 영역(시작 주소 108)에 저장된 데이터 값
　　　　　　　50을 변수 b에 대입

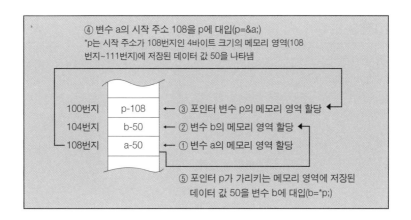

④ 변수 a의 시작 주소 108을 p에 대입(p=&a;)
*p는 시작 주소가 108번지인 4바이트 크기의 메모리 영역(108
번지~111번지)에 저장된 데이터 값 50을 나타냄

100번지	p-108	← ③ 포인터 변수 p의 메모리 영역 할당
104번지	b-50	← ② 변수 b의 메모리 영역 할당
108번지	a-50	← ① 변수 a의 메모리 영역 할당

⑤ 포인터 p가 가리키는 메모리 영역에 저장된
데이터 값 50을 변수 b에 대입(b=*p;)

[예시 5-8]에서 포인터 변수 p를 int *p;와 같이 int형으로 선언하였는데, 이것은 포인터 변수 p가 가리키는 메모리 영역(시작 주소가 108번지)에 저장된 데이터 값(a=50)의 형태가 int형이기 때문이다. int형 변수 a는 4바이트(32비트 컴퓨터)나 8바이트(64비트 컴퓨터) 크기의 메모리 영역이 할당되고, 문장 p=&a;는 변수 a에 할당된 메모리 영역의 시작 주소(108)를 p에 대입한다.

포인터 변수 p에는 변수 a의 시작 주소가 저장되어 있으므로 변수 a의 값을 참조할 수 있는데, 변수 a의 값을 참조하는 경우(*p)에 변수 a의 시작 주소로부터 데이터를 읽어들인다. 이때 포인터 변수 p를 int형으로 선언하면 변수 a의 시작 주소로부터 데이터를 4바이트로 읽어들이기 때문에 a의 값을 참조할 수 있지만 char형으로 선언하면 데이터를 1바이트로 읽어들이기 때문에 a의 값을 참조할 수 없게 되며 오류가 발생한다.

```
#include <iostream>
using namespace std;
int main()
{
    int a, b;
    int *p;                  //포인터 변수의 선언
    a=123;
    p=&a;                    //포인터 변수의 초기화
    b=*p;
    cout<<"a의 주소 = "<<&a<<endl;
    cout<<"p의 데이터 값 = "<<p<<endl;
    cout<<"a="<<a<<", b="<<b<<", *p="<<*p<<endl;
    return 0;
}
```

↗ 실행 결과

```
a의 주소 = 0x22fe30
p의 데이터 값 = 0x22fe30
a=123, b=123, *p=123
```

↗ 해설

- &a는 변수 a에 할당된 메모리의 시작 주소를 나타내며, 포인터 변수 p는 변수 a의 시작 주소를 값으로 갖는다.
- *p는 포인터 변수 p가 가리키는 메모리 영역에 저장된 데이터 값 123을 나타내므로 b에 123이 대입된다

```
#include <iostream>
using namespace std;
int main()
{
  int *a;                  //정수형 포인터 변수의 선언
  float *b;                //실수형 포인터 변수의 선언
  char *c;                 //문자형 포인터 변수의 선언
  cout << "int a = " << sizeof(a) << " byte" << endl;
  cout << "float b = " << sizeof(b) << " byte" << endl;
  cout << "char c = " << sizeof(c) << " byte" << endl;
  return 0;
}
```

↗ 실행 결과

```
int a = 8 byte
float b = 8 byte
char c = 8 byte
```

↗ 해설

• 모든 포인터 변수는 데이터형에 관계없이 64비트 컴퓨터 시스템에서 8바이트의 메모리가 할당된다.

5.5. 배열과 포인터

배열을 선언하면 확보된 각 배열 요소는 메모리상에 연속하여 배치되며, 배열명 자체는 할당된 메모리 영역의 시작 주소(첫 번째 배열 요소의 시작 주소)를 나타낸다. 따라서 배열명을 포인터의 초기값으로 설정하면 포인터를 이용해서 배열을 조작하거나 배열의 각 요소에 대한 데이터 값을 참조할 수 있다. 포인터를 이용하면 배열을 직접 이용하는 것보다 메모리에 기억되어 있는 배열 요소의 데이터를 신속하게 처리할 수 있다. 1차원 배열과 포인터와의 관계를 살펴보면 다음과 같다.

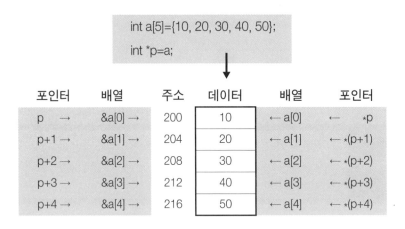

포인터 변수 p에는 배열의 시작 주소인 &a[0]가 대입되고 포인터 변수 p와 1차원 배열 a는 p+i==&a[i], *(p+i)==a[i]의 관계가 성립한다

배열명은 배열의 시작 주소를 나타내므로 배열을 포인터 형식으로 사용할 수 있으며, 또한 포인터를 배열 형식으로 사용할 수 있기 때문에 배열과 포인터는 호환성이 있다. 단지, 차이점은 포인터는 자신의 값(메모리 주소)을 변경시킬 수 있지만 배열은 메모리가 고정적으로 확보되기 때문에 배열의 값(메모리 주소)을 변경시킬 수 없다는 것이다. 일차원 배열의 경우 다음과 같은 관계가 성립한다.

배열 → 배열의 포인터 형식	포인터 → 포인터의 배열 형식
a[i] == *a+i)	*(p+i) == p[i]
&a[i] == a+i	p+i == &p[i]

[표 5-2] 1차원 배열과 포인터의 관계

배열의 포인터 형식과 포인터의 배열 형식으로 데이터가 메모리에 기억된 형태를 나타내면 다음과 같다.

포인터의 배열 형식	배열의 포인터 형식	주소	데이터	배열의 포인터 형식	포인터의 배열 형식
&p[0] →	a →	200	10	← *a	← p[0]
&p[1] →	a+1 →	204	20	← *(a+1)	← p[1]
&p[2] →	a+2 →	208	30	← *(a+2)	← p[2]
&p[3] →	a+3 →	212	40	← *(a+3)	← p[3]
&p[4] →	a+4 →	216	50	← *(a+4)	← p[4]

[예시 5-9] 배열과 포인터 변수와의 예

---

①   int a[5];

    int *p;

    p=&a[0];　　← a=&a[0]이므로 올바른 문장임

---

②   int a[5];

    int *p=a;

    p++;　　← 포인터는 자신의 값을 변경시킬 수 있기 때문에 올바른 문장임

    a++;　　← 배열의 값을 변경시킬 수 없기 때문에 잘못된 문장임

예제 프로그램 5-8

```cpp
#include <iostream>
using namespace std;
int main()
{
  int a[5]={10, 20, 30, 40, 50};
  int i, *p;
  p=a;                              //a=&a[0]
  cout<<"address :"<<endl;
  for(i=0; i<5; i++)
    cout<<"p+"<<i<<"="<<(p+i)<<", "<<"&a["<<i<<"]="<<&a[i]<<endl;
  cout<<"data :"<<endl;
  for(i=0; i<5; i++)
    cout<<"a["<<i<<"]="<<a[i]<<", "<<"*(p+"<<i<<")="<<*(p+i)<<endl;
  return 0;
}
```

↗ 실행 결과

```
address :
p+0=0x22fe10, &a[0]=0x22fe10
p+1=0x22fe14, &a[1]=0x22fe14
p+2=0x22fe18, &a[2]=0x22fe18
p+3=0x22fe1c, &a[3]=0x22fe1c
p+4=0x22fe20, &a[4]=0x22fe20
data :
a[0]=10, *(p+0)=10
a[1]=20, *(p+1)=20
a[2]=30, *(p+2)=30
a[3]=40, *(p+3)=40
a[4]=50, *(p+4)=50
```

↗ 해설

• 포인터 변수 p와 1차원 배열 a는 p+i==&a[i], *(p+i)==a[i]의 관계가 성립한다.

예제 프로그램 5-9

```cpp
#include <iostream>
using namespace std;
int main()
{
  int a[5]={10, 20, 30, 40, 50};
  int i, *p;
  p=a;
  cout<<"address :"<<endl;
  for(i=0; i<5; i++)
    cout<<"&a["<<i<<"]="<<&a[i]<<", a+"<<i<<"="<<a+i<<endl;
  cout<<"data :"<<endl;
  for(i=0; i<5; i++)
    cout<<"a["<<i<<"]="<<a[i]<<", "<<"*(a+"<<i<<")="<<*(a+i)<<endl;
  return 0;
}
```

↗ 실행 결과

```
address :
&a[0]=0x22fe10, a+0=0x22fe10
&a[1]=0x22fe14 a+1=0x22fe14
&a[2]=0x22fe18, a+2=0x22fe18
&a[3]=0x22fe1c, a+3=0x22fe1c
&a[4]=0x22fe20, a+4=0x22fe20
data :
a[0]=10, *(a+0)=10
a[1]=20, *(a+1)=20
a[2]=30, *(a+2)=30
a[3]=40, *(a+3)=40
a[4]=50, *(a+4)=50
```

↗ 해설

- 배열을 포인터 형식으로 사용할 수 있으며 &a[i]==a+i, a[i]==*(a+i)의 관계가 성립한다.

```
#include <iostream>
using namespace std;
int main()
{
 int a[5]={10, 20, 30, 40, 50};
 int i, *p;
 p=a;
 cout<<"address :"<<endl;
 for(i=0; i<5; i++)
   cout<<"p+"<<i<<"="<<(p+i<<", "<<"&p["<<i<<"]="<<&p[i]<<endl;
 cout<<"data :"<<endl;
 for(i=0; i<5; i++)
   cout<<"*(p+"<<i<<")="<<*(p+i)<<", "<<"p["<<i<<"]="<<p[i]<<endl;
 return 0;
}
```

↗ 실행 결과

```
address :
p+0=0x22fe10, &p[0]=0x22fe10
p+1=0x22fe14, &p[1]=0x22fe14
p+2=0x22fe18, &p[2]=0x22fe18
p+3=0x22fe1c, &p[3]=0x22fe1c
p+4=0x22fe20, &p[4]=0x22fe20
data :
*(p+0)=10, p[0]=10
*(p+1)=20, p[1]=20
*(p+2)=30, p[2]=30
*(p+3)=40, p[3]=40
*(p+4)=50, p[4]=50
```

↗ 해설

- 포인터를 배열 형식으로 사용할 수 있으며 p+i==&p[i], *(p+i)==p[i]의 관계가 성립한다.

5.6 문자열과 포인터

문자열을 처리하기 위해 char형 배열을 이용한다는 것을 앞에서 학습하였다. 또한, 문자열 자체는 문자열이 수록되어 있는 메모리 영역의 시작 주소를 나타내므로 char형 포인터를 이용해서도 문자열을 처리할 수 있다.

char형 배열을 이용하는 경우 각 배열 요소에는 실제의 데이터 값인 문자 하나하나가 저장된다. 반면에 char형 포인터를 이용하는 경우 포인터 변수는 문자열이 수록되어 있는 메모리 영역의 시작 주소를 값으로 갖는다.

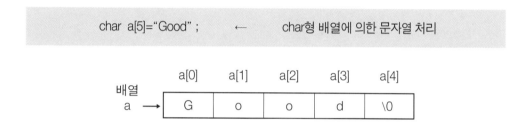

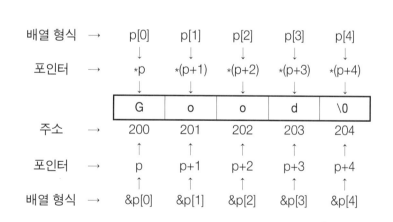

char형 배열을 이용해서 문자열을 취급하는 경우 문자열의 길이를 고려하여 배열의 크기를 지정해야 하지만, char형 포인터를 이용하는 경우 문자열의 길이를 고려할 필요가 없기 때문에 문자열 처리에 편리하다.

```
#include <iostream>
using namespace std;
int main()
{
  char *p="Good";
  int i=0, j=0;
  while(p[i]!='\0')
  {
    cout<<"p["<<i<<"]="<<p[i]<<endl;
    i++;
  }
  while(*p!='\0')
  {
    cout<<"*(p+"<<j<<")="<<*p<<endl;
    j++;
    p++;
  }
  return 0;
}
```

↗ **실행 결과**

```
p[0]=G
p[1]=o
p[2]=o
p[3]=d
*(p+0)=G
*(p+1)=o
*(p+2)=o
*(p+3)=d
```

↗ **해설**

• 배열과 포인터의 관계를 살펴보기 위해 포인터를 배열 형식으로 표현하여 문자들을 출력하였다.
  p[i]==*(p+i)의 관계가 성립한다.

예제 프로그램 5-12

```
#include <iostream>
using namespace std;
int main()
{
    char *p="C-Programming";
    cout<<p<<endl;                  //전체 문자열 출력
    cout<<p+2<<endl;                //p+2 이후의 문자열을 출력
    return 0;
}
```

↗ **실행 결과**

```
C-Programming
Programming
```

↗ **해설**

- cout<<p+i;는 p+i가 가리키는 주소에 저장된 문자와 그 이후에 연속되어 저장된 문자들을 공(空)
문자(\0)를 만날 때까지 출력(문자열 출력 기능)한다.

C	-	P	r	o	g	r	a	m	m	i	n	g	\0

주소 → p p+1 p+2 p+3 p+4 p+5 p+6 p+7 p+8 p+9 p+10 p+11 p+12 p+13

5.7 동적 메모리 관리

문자열을 처리하기 위해서는 char형 배열이나 char형 포인터를 이용한다는 것을 앞에서 학습하였다. char형 배열을 이용하여 키보드로 문자열을 입력하는 경우에는 입력하고자 하는 문자열의 길이를 고려하여 적당한 배열의 크기로 char형 배열을 선언해 주고 입력 스트림 cin과 입력 연산자 >>을 사용하면 데이터를 키보드로 입력할 수 있었다(프로그램 5-4 참조). 그러나 char형 포인터를 이용하여 키보드로 문자열을 입력하고자 하는 경우에는 문자열의 최대 길이를 감안하여 사전에 포인터에 메모리를 동적으로 할당해 주어야 한다.

프로그램에서 변수가 선언되면 운영 체제(OS)는 선언된 변수의 데이터형에 따라 각각 메모리 영역을 알아서 정적(static)으로 할당해 준다. 예를 들면 int형 변수로 선언한 경우에는 4바이트 크기의 메모리가 할당되고, char형 변수로 선언한 경우에는 1바이트 크기의 메모리가 할당된다.

그러나 프로그램을 작성하다 보면 특정 크기 이상의 메모리 영역이 필요할 때가 있다. 이러한 경우에는 사용자(user)가 필요한바이트 크기만큼의 메모리 영역을 할당받아 사용할 수 있는데, 이를 동적 메모리 할당이라 한다. 동적으로 할당받은 메모리 영역은 더 이상 필요하지 않으면 해제하여 다시 자유 영역으로 환원할 수 있다.

포인터에 동적 메모리 영역을 할당해 줄 때에는 new 연산자를 사용하고 포인터에 할당된 동적 메모리 영역을 자유 영역으로 해제할 때에는 delete 연산자를 사용한다.

메모리 영역	설 명
프로그램 영역	프로그램 소스 코드들을 기억한다.
정적(static) 영역	프로그램이 종료될 때까지 데이터가 메모리에 유지되는 영역으로 정적(static) 변수와 외부(extern) 변수가 기억된다.
힙(heap) 영역	사용자가 필요시에 할당하는 영역으로 new 연산자를 사용하여 영역을 확보한다.
스택(stack) 영역	함수의 실행이 종료하거나 블록을 벗어나면 데이터가 자동으로 소멸되는 영역으로 자동(auto) 변수가 기억된다.

[표 5-3] 메모리 영역

[예시 5-10] 배열과 포인터 변수와의 예

---

① char *str;

  str = new char[10];　　　　　← char형 데이터가 저장될 수 있는 10바이트 크기의 메모리 영역
　　　　　　　　　　　　　　　을 확보하고 메모리 영역의 시작 주소를 포인터 변수 str에 대
　　　　　　　　　　　　　　　입한다.

---

② delete str;　　　　　　　　 ← 포인터 변수 str에 할당된 동적 메모리 영역을 해제하여 자유 영
　　　　　　　　　　　　　　　역으로 반환시킨다.

---

③ int *str = new int;　　　　　← int형 한 개의 데이터가 저장될 수 있는 4바이트 크기의 메모리
　　　　　　　　　　　　　　　영역을 확보하고 메모리 영역의 시작 주소를 포인터 변수 str에
　　　　　　　　　　　　　　　대입한다.

예제 프로그램 5-13

```cpp
#include <iostream>
using namespace std;
int main()
{
  char *str;
  str=new char[10];                    //동적 메모리 할당
  if(str!=NULL)
  {
  cout<<"str? ";
  cin>>str;                            //문자열 입력
  }
  else
  {
  cout<<"Memory is lack."<<endl;
  exit(1);
  }
  cout<<"str = "<<str;
  delete str;                          //메모리 영역 해제
  return 0;
  }
```

str? C++_Programming Enter↵

str = C++_Programming

↗ 해설

- str=new char[10];은 char형 데이터가 저장될 수 있는 10바이트 크기의 메모리 영역을 확보하여 메모리 영역의 시작 주소를 포인터 변수 str에 대입한다.
- NULL의 값은 문자열 끝의 공 문자를 나타내는 \0으로 정의된다.
- delete str;은 포인터 변수 str에 할당된 동적 메모리 영역을 해제하여 자유 영역으로 반환시킨다.
- 프로그램의 실행 도중에 exit() 함수가 호출되면 전체 프로그램의 실행이 강제로 종료되고 제어가 운영 체제(OS)로 넘어간다.

5.8 포인터 배열

포인터 배열이란 배열의 각 요소들이 포인터인 배열을 의미한다. 포인터 배열의 선언은 일반 배열의 선언 형식과 동일하며 배열명 앞에 *를 붙여 다음과 같이 선언한다.

↗ 형식(포인터 배열의 선언)

데이터형 *포인터 배열명[첨자] ;

[예시 5-11] 2차원 배열과 포인터 배열의 사용 예

---

① char *p[3]={"HAPPY", "NEW", "YEAR"};

← 3개의 포인터 배열 요소 p[0], p[1], p[2]가 만들어진다.

← p[0]에는 문자열 HAPPY가 저장되어 있는 메모리 영역의 시작 주소가 수록된다.

← p[1]에는 문자열 NEW가 저장되어 있는 메모리 영역의 시작 주소가 수록된다.

← p[2]에는 문자열 YEAR가 저장되어 있는 메모리 영역의 시작 주소가 수록된다.

← 각각의 포인터 배열 요소에는 4바이트(32비트 컴퓨터)의 메모리 영역이 할당되므로 포인터 배열 p에는 12(3×4)바이트 크기의 메모리 영역이 할당된다.

포인터	주소	데이터	배열 형식	포인터
p[0] →	300	H	← p[0][0]	← *p[0]
		A	← p[0][1]	← *(p[0]+1)
		P	← p[0][2]	← *(p[0]+2)
		P	← p[0][3]	← *(p[0]+3)
		Y	← p[0][4]	← *(p[0]+4)
		\0	← p[0][5]	← *(p[0]+5)
p[1] →	306	N	← p[1][0]	← *p[1]
		E	← p[1][1]	← *(p[1]+1)
		W	← p[1][2]	← *(p[1]+2)
		\0	← p[1][3]	← *(p[1]+3)
p[2] →	310	Y	← p[2][0]	← *p[2]
		E	← p[2][1]	← *(p[2]+1)
		A	← p[2][2]	← *(p[2]+2)
		R	← p[2][3]	← *(p[2]+3)
		\0	← p[2][4]	← *(p[2]+4)

② char a[3][6]={"HAPPY", "NEW", "YEAR"};

← 2차원 배열 a에는 18(1×3×6)바이트 크기의 메모리 영역이 할당된다.

← 각 행에 대응되는 메모리 크기는 가장 긴 문자열을 고려하여 할당되기 때문에 문자열의 길이가 다를 경우 메모리 영역의 낭비가 발생한다.

부분 배열		0열	1열	2열	3열	4열	5열
a[0] →	0행	H	A	P	P	Y	\0
a[1] →	1행	N	E	W	\0	\0	\0
a[2] →	2행	Y	E	A	R	\0	\0

예제 프로그램 5-14

```
#include <iostream>
using namespace std;
int main()
{
  char a[][6]={"HAPPY", "NEW", "YEAR"};  //2차원 배열의 선언과 초기회
  char *p[3]={"HAPPY", "NEW", "YEAR"};  //포인터 배열의 선언과 초기화
  int i;
  for(i=0; i<3; i++)
  {
    cout<<"a["<<i<<"]="<<a[i]<<", ";
    cout<<"p["<<i<<"]="<<p[i]<<endl;
  }
  return 0;
}
```

↗ **실행 결과**

```
a[0]=HAPPY, p[0]=HAPPY
a[1]=NEW, p[1]=NEW
a[2]=YEAR, p[2]=YEAR
```

↗ **해설**

- 부분 배열 a[0], a[1], a[2]에 대응되는 메모리 영역에는 각각 문자열 "HAPPY", "NEW", "YEAR"가 기억되어 있으며, cout<<a[i];는 부분 배열 a[i]의 시작 주소 이후에 저장된 한 문자열을 출력한다.
- 포인터 배열 요소 p[0], p[1], p[2]에는 각 문자열의 시작 주소가 기억되어 있으며, cout<<p[i];는 p[i]가 가리키는 시작 주소 이후에 저장된 한 문자열을 출력한다.

연습 문제(객관식)

1. 배열의 초기화에 대한 표현이다. 맞게 표현된 것은?

    ① int a[3]={1, 2, 3, 4, 5};   ② int a[2][]={10, 20, 30, 40, 50, 60};

    ③ char a[]={S, c, h, o, o, l};   ④ char a[]={'S', 'c', 'h', 'o', 'o', 'l'};

2. int a[4]={10, 15, 20, 25};으로 초기화된 경우 배열 요소 a[3]에 저장되는 값은?

    ① 10   ② 15

    ③ 20   ④ 25

3. float형으로 선언된 변수 a에 할당된 메모리의 시작 주소가 100번지라면 a의 마지막 메모리 영역의 주소는?

    ① 101번지   ② 102번지

    ③ 103번지   ④ 104번지

4. char b[4];으로 선언된 경우 배열 b에 할당된 메모리의 시작 주소가 90번지라면 마지막 메모리 영역의 주소는?

    ① 91번지   ② 92번지

    ③ 93번지   ④ 94번지

5. char a[6]="KOREA";으로 초기화된 경우 배열 요소 a[5]에 저장되는 값은?

　① \0　　　　　　　　　　② R
　③ E　　　　　　　　　　④ A

6. int a[2][3]={10, 15, 20, 25, 35, 45};으로 초기화된 경우 값 35가 지장된 배열 요소는?

　① a[1][1]　　　　　　　　② a[2][2]
　③ a[0][2]　　　　　　　　④ a[2][1]

7. char a[3][6]={"HAPPY", "NEW", "YEAR"};으로 초기화된 경우 문자열 "NEW"를
　 출력하기 위한 출력 스트림으로 바르게 표현된 것은?

　① cout<<a[0];　　　　　② cout<<a[1];
　③ cout<<a[3];　　　　　④ cout<<a;

8. 포인터의 초기화가 잘못된 것은?

　① int x; int *p=x;　　　　② char a[20]; char *p=a;
　③ char a[20]; char *p=&a[2];　④ char *p="computer";

9. 다음과 같은 문장이 실행될 경우 x의 값은?

```
int a[4]={10, 20, 30, 40};
int x, *p=a;
x=*(p+2);
```

　① 10　　　　　　　　　　② 20
　③ 30　　　　　　　　　　④ 40

10. 다음과 같이 포인트 변수 p가 선언되었을 때 값이 다른 것은?

```
int a[5];
int *p=a;
```

① *(p+2)   ② p[2]

③ a[2]   ④ a+2

11. 다음과 같은 문장이 실행될 경우 b의 값은?

```
int a[2][2]={{10, 20}, {30, 40}};
int b, *p=a[0];
b=*(p+3);
```

① 10   ② 20

③ 30   ④ 40

12. 다음 프로그램의 실행 결과를 적으시오.

```
#include <iostream>
using namespace std;
int main()
{
  char *a[4]={"Kim", "Lee", "Park", "Cho"};
  cout << a[2];
  return 0;
}
```

① Kim   ② Lee

③ Park   ④ Cho

연습 문제(주관식)

1. float a[3];으로 선언된 배열 a에 할당된 메모리 크기는?

2. char b[3];으로 선언된 배열 b에 할당된 메모리 크기는?

3. 컴퓨터는 효율적인 메모리 관리를 위해 메모리에 선두를 0으로 하는 연속된 번호를 부여하는데 이를 (   )라 한다. 괄호 안에 들어갈 말은 무엇인가?

4. char a[3][6]={"HAPPY", "NEW", "YEAR"};으로 초기화된 경우 배열 요소 a[1][2]에 저장된 값은 무엇인가?

5. 2차원 배열 a[4][3]를 초기화하는 경우에 a[ ][3]와 같이 하여도 에러가 발생하지 않는지를 조사하시오.

연습 문제 정답

객관식   1.④   2.④   3.③   4.③   5.①   6.①   7.②   8.①   9.③   10.④
          11.④   12.③

주관식   1. 12바이트   2. 3바이트   3. 번지   4. W
          5. 행의 개수를 나타내는 첨자는 생략해도 되지만 열의 개수를 나타내는 첨자는 반드시 지정해야
          한다.

PART 06

함수

- 함수의 종류 및 함수를 사용하는 이유에 대하여 알아본다.
- 사용자 정의 함수의 사용법에 대해서 알아본다.
- void형 함수에 대해서 알아본다.
- 함수의 재귀 호출에 대해서 알아본다.
- 인수의 전달 방식과 각각의 특징에 대해서 알아본다.
- 참조자와 인라인 함수에 대해서 알아본다.
- 함수의 오버로드와 디폴드 값 인수에 대해서 알아본다.
- 지역 변수와 전역 변수에 대해서 알아본다.
- 기억 장소의 유형에 대해서 알아본다.

함수

6.1 함수란

함수란 특정한 작업을 수행하도록 설계된 독립적인 프로그램을 말한다. 프로그램을 작성할 때 함수를 사용하는 이유는 프로그램 내에서 여러 번 실행되어야 할 특정 작업이 있는 경우 이를 함수로 만들어 사용하면 필요할 때마다 호출하여 사용할 수 있으므로 편리하기 때문이다. 또한, 함수를 사용하여 프로그램을 작성하면 프로그램이 독립적인 단위 프로그램으로 모듈화되므로 이해하기 쉽고 수정 및 편집이 용이하게 된다.

함수를 사용하기 위해서는 먼저 사용하고자 하는 함수의 기능을 프로그램 내부에 정의(작성)하고 필요한 경우에 해당 함수를 호출하기만 하면 된다. 이때 주의해야 할 점은 반드시 함수의 호출에 앞서 함수를 정의해 주거나 함수의 원형(prototype)을 선언해 주어야만 호출된 함수를 사용할 수 있다는 것이다.

C++ 컴파일러는 원시 파일이 작성된 순서에 따라 한 행씩 읽어내려 가면서 기계어로 번역(컴파일)해 나간다. 따라서 함수의 호출에 앞서 함수를 정의해 주거나 함수의 원형을 선언해 주지 않으면 컴파일러는 호출문을 읽어 내려갈 때 호출되는 함수의 형태를 파악할 수 없게 되기 때문에 오류가 발생한다.

함수들 중에는 수학 함수, 파일 관련 함수, 입출력 함수와 같이 C++ 컴파일러에서 기본적으로 제공하는 표준 함수(standard function)와 사용자의 목적에 맞도록 만들어 사용할 수 있는 사용자 정의 함수(user defined function)가 있다.

표준 함수들의 내용은 라이브러리 파일(library file)에 수록되어 있기 때문에 호출에 앞서 함수의 기능을 별도로 프로그램 내부에 정의할 필요가 없다. 이들 표준 함수를 사용하기 위해서는 호출에 앞서 해당 표준 함수의 원형이 선언되어 있는 헤더 파일을 #include 지시어에 의해 읽어들여 원시 파일에 포함시키기만 하면 된다(이에 대해서는 1장에서 이미 다루었다).

컴파일러는 표준 함수의 원형이 선언된 헤더 파일을 먼저 읽기 때문에 호출하고자 하는 표준 함수의 형태를 미리 파악하게 되고 표준 함수의 실제 내용은 링크 시 라이브러리 파일에서 읽혀 원시 파일에 연결된다. 본 장에서는 사용자 정의 함수에 대해서 알아보도록 히겠다.

6.2 함수의 사용

사용자 정의 함수는 사용자가 필요에 따라 직접 정의하여 사용하는 함수로 필요한 만큼 정의하여 사용할 수 있으며 일반적으로 함수라고 하면 사용자 정의 함수를 말한다. 함수의 기능은 main() 함수 앞에서 정의하거나 main() 함수 뒤에서 정의할 수 있지만 후자의 경우에는 반드시 함수의 원형을 main() 함수 앞에 선언하여 함수에 관한 정보를 컴파일러에게 미리 알려 주어야 한다.

여기서는 먼저 전자의 방법에 대해서 설명하고, 함수의 원형을 선언하는 경우에 대해서는 다음 절에서 알아보기로 하겠다.

6.2.1 함수의 정의

함수는 머리(header) 부분과 몸체(body) 부분으로 구성되며 좌측 중괄호({) 기호와 우측 중괄호(}) 기호로 함수의 시작과 끝을 나타낸다. 머리 부분은 외부(다른 함수 내부)에서 자신을 호출하는 경우에 호출 측에 자신을 연결해 주는 역할을 하며, 몸체 부분은 함수의 기능을 수행한다.

머리 부분에 세미콜론(;)을 사용하지 않도록 주의해야 하는데, 세미콜론이 없는 것은 함수를 호출하는 것이 아니라 함수를 정의하려는 것임을 컴파일러에게 알리기 위한 것이다. 사용자 정의 함수의 기본 형식은 다음과 같다.

함수형 함수명(가인수형과 가인수의 리스트)　　　　　← 머리(header) 부분

{

　　내부 변수 선언;

　　실행문;

}　　　　　　　　　　　　　　　　　　　← 몸체(body) 부분

(1) 함수형 및 함수명

함수에는 해당 기능을 수행하고 그 결과값을 자신을 호출했던 곳으로 되돌려 주는 것과 반환(return)값이 없기 때문에 되돌려 주지 않는 것이 있다. 전자의 경우에는 함수의 결과값을 호출 측에 되돌려 주기 위해 함수 내에 return문을 사용한다.

함수형은 return문에서 반환하는 값의 데이터형(int, float, double 등)을 말하며 만일 반환값이 없으면 void로 지정한다(void형 함수에 대해서는 6.4절에서 설명함). 함수명은 함수의 이름을 부여하는 것으로서 사용자가 임의로 지정할 수 있지만 되도록이면 함수의 기능 및 용도에 맞게 지정한다.

(2) 가인수형과 가인수의 리스트

함수를 호출하는 경우에 호출 측에서 특정 데이터를 피 호출 함수로 넘겨줄 수 있는데, 호출 측에서 넘겨 주는 인수를 실인수라고 하고 피 호출 함수에서 전달받을 때 사용하는 인수를 가인수라고 한다.

이때 가인수의 개수와 데이터형은 실인수의 개수와 데이터형과 일치해야 하지만 인수명은 같거나 달라도 관계없다. 만일 전달받을 인수가 없는 경우에는 괄호 안을 비워두거나 '텅 비었다'는 의미인 void를 기입한다(이에 대해서는 6.4절에서 설명함).

(3) 내부 변수 선언 및 실행문

내부 변수란 정의된 함수 내부에서만 통용되는 변수로 지역 변수(local variable)라 부르며 호출 측의 함수 내에서 사용되는 변수명과 중복되더라도 별개의 변수로 처리

된다. 이에 대해서는 6.11절의 변수의 유효 범위와 기억 장소의 유형에서 상세히 다루기로 하겠다.

실행문은 함수의 기능을 기술하는 것으로서 수치 계산뿐만 아니라 if문, cout문, cin문 등과 같이 C++에서 사용 가능한 문장이면 모두 사용할 수 있다. 만일 결과값을 호출 측에 넘겨 주는 경우에는 실행문 중에 반드시 return문이 포함되어야 한다.

[예시 6-1] 함수의 정의 예

int sum(int x, int y)	← 함수 sum은 int형의 반환값을 호출 측에 되돌려 주며, int형의 인수
	x와 int형의 인수 y를 사용함
{	
int z;	← 이 함수 내에서만 int형 변수 z를 일시적으로 사용함
z=x+y;	← 산술식을 계산함
return z;	← int형 변수 z의 값을 반환값으로 호출 측에 되돌려 줌
}	

6.2.2 함수의 호출

함수의 호출(call)은 어떤 함수 내에서 다른 곳에 정의된 함수를 사용하기 위해 그 함수를 호출하여 실행시키는 것을 말한다. 함수를 호출하기 위해서는 호출할 함수명과 피 호출 함수에게 넘겨줄 실인수들을 나열한다. 만일 피 호출 함수에게 전달할 실인수가 없는 경우에는 괄호 안을 비워 둔다.

↗ 형식(함수의 호출)

함수명(실인수의 리스트);

[예시 6-2] 함수의 호출의 예

①	c=sum(a, b);	← 함수 sum을 호출, 실인수로 변수를 사용
②	c=sum(20, 35);	← 함수 sum을 호출, 실인수로 상수를 사용
③	c=sum( );	← 함수 sum을 호출, 실인수는 없음

6.2.3 결과값의 반환

일반적으로 함수는 호출 측으로부터 인수를 전달받아 기능을 수행하고 그 결과값을 호출 측에 되돌려 준다. 이때 함수 내에서 계산된 결과를 호출한 곳으로 되돌려 주기 위해 사용되는 문장이 return문이다.

↗ 형식(return문)

return 식;

return문 내의 식으로는 수식, 변수, 상수 등을 사용하며 식을 괄호로 묶어 사용해도 된다. 피 호출 함수의 실행이 종료(})되면 프로그램의 제어가 호출 측으로 이동하지만 return문을 이용하면 함수 내에서의 현재의 실행 위치와 관계없이 강제적으로 프로그램의 제어를 호출 측으로 이동시킬 수 있다. 이때 return문 다음에 오는 식의 값을 호출 측에 반환하며 식의 데이터형과 함수형은 반드시 일치해야 한다.

[예시 6-3] return문의 사용 예

①	return a;	← 변수 a의 값을 반환함
②	return (a);	← 함수의 형식과 같이 괄호를 사용할 수 있음
③	return 1;	← 1을 반환함
④	return (a+b);	← 수식을 사용하는 경우에는 괄호로 묶어 주면 프로그램의 해독에 편리함
⑤	return ((a〈b) ? b : a);	← 조건 연산식을 사용할 수 있음

예제 프로그램 6-1

```cpp
#include <iostream>
using namespace std;
int sum(int x, int y)          //사용자 정의 함수
{
 int z;                        //함수 sum에서만 일시적으로 사용되는 변수
 z=x+y;
 return z;                     //호출 문장으로 제어 이동 //z의 값을 호출 측에 반환
}

int main()                     //main() 함수
{
 int a, b, c;
 a=10, b=5;
 c=sum(a, b);                  //사용자 정의 함수 sum()을 호출
 cout<<"c=a+b="<<c<<endl;
 return 0;
}
```

↗ 실행 결과 c=a+b=15

↗ 해설

• C++ 프로그램은 항상 main() 함수에서 시작된다. main() 본체에 속한 문장을 차례로 실행하고 함수를 호출하는 문장이 있는 경우에는 해당 함수를 호출하여 호출된 함수를 실행시킨 후에 호출한 문장으로 되돌아가서 그다음 문장을 계속 실행한다.

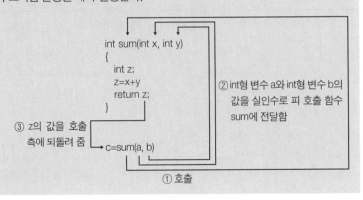

- main() 함수 내에서 sum() 함수를 호출한다. a=10, b=5를 피 호출 함수의 가인수 x, y에 전달하고 z=10+5를 계산한 후에 z의 값인 15를 호출 측에 되돌려 준다.
- 호출 측에서는 실제의 값을 갖는 인수를 사용해서 함수를 호출하기 때문에 이때 사용된 인수 a, b 를 실인수라고 한다. 반면에 피 호출 함수 측에서는 호출 측에서 어떤 인수를 사용해서 호출할지 를 예측할 수 없기 때문에 x, y를 인수로 가정해서 함수의 기능을 정의한다. 따라서 피 호출 함수 측의 인수 x, y를 가인수라 하며 가인수의 개수와 데이터형은 실인수의 개수와 데이터형과 일치 해야 하지만 인수명은 같거나 달라도 관계없다.

예제 프로그램 6-2

```
#include <iostream>
using namespace std;
double sum(double x, double y)          //사용자 정의 함수
{
  double z;
  z=x+y;
  return z;                             //double형 z의 값을 호출 측에 반환
}

int main()                              //main() 함수
{
  double a, b, c;
  cout<<"a? b? ";
  cin>>a>>b;
  c=sum(a, b);                          //사용자 정의 함수 sum()을 호출
  cout<<"a="<<a<<", b="<<b<<", a+b="<<c<<endl;
  return 0;
}
```

↗ 실행 결과

```
a? b? 10.5 20.6 Enter↵
a=10.5, b=20.6, a+b=31.1
```

• main() 함수 내에서 sum() 함수를 호출한다. sum() 함수의 함수형과 return문에서 반환하는 z의 값의 데이터형은 double형으로 일치하고 있다.

예제 프로그램 6-3

```cpp
#include <iostream>
using namespace std;
int max(int x, int y)           //사용자 정의 함수
{
  if(x > y)
    return x;            ┐
  else                   │ 복수의 return문
    return y;            ┘
}
int main()                      //main() 함수
{
  int a, b, c;
  cout << "a? b? ";
  cin >> a >> b;
  c=max(a, b);                  //사용자 정의 함수 max()을 호출
  cout << "max=" << c << endl;
  return 0;
}
```

↗ 실행 결과

```
a? b? 50 100 [Enter↵]
max=100
```

↗ 해설

• 함수 내에 여러 개의 return문을 기술할 수 있지만 함수의 실행 과정에서 처음 만나는 return문에 의해 값이 반환되고 프로그램의 제어가 호출 측으로 이동한다.

6.3 함수의 원형

사용하는 함수의 수가 적은 경우에는 사용자 정의 함수가 main() 함수 앞에 위치해도 무방하지만, 사용하는 함수의 수가 많고 또 이들 함수들이 서로를 호출하는 경우에는 컴파일을 위한 함수들의 배치 순서가 복잡해지거나 실제로 배치가 불가능한 경우가 발생한다.

그러나 이들 함수의 원형을 main() 함수 앞에 모아서 선언하면 이들 함수에 관한 정보를 컴파일러에게 미리 알려주게 된다. 따라서 각 함수들의 정의는 순서에 관계없이 배치해도 무방하며, 함수들의 정의가 놓일 수 있는 위치는 다른 함수의 내부가 아니라면 그 어디에도 가능하다.

실제로 함수를 사용하여 프로그램을 작성할 때는 함수의 원형을 main() 함수 앞에 선언하고 함수의 정의를 main() 함수 뒤에 위치하도록 하는데, 이렇게 하면 보다 편리하게 프로그램을 작성할 수 있다.

↗ 형식(함수의 원형 선언)

함수형 함수명(가인수형과 가인수의 리스트);

함수의 원형은 사용자가 직접 main() 함수 앞에 선언해야 하지만, 함수의 원형을 선언하는 가장 간단한 방법은 사용자 정의 함수의 머리 부분을 main() 함수 앞에 복사하고 문장 끝에 세미콜론(;)을 기입하는 것이다.

```
#include 〈iostream〉
using namespace std;
int sum(int x, int y);          // 사용자 정의 함수의 머리 부분을 이 위치에 복사하고
                                // 문장 끝에 세미콜론(;)을 기입

int main()
{
    ⋮
    ⋮
}
int sum(int x, int y)           ← 사용자 정의 함수의 머리 부분
{
    int z;
    z=x+y;
    return z;
}
```

[예시 6-4] 함수의 원형 선언 예

①	int sum(int x, int y);	← 이 프로그램에서는 sum이라는 함수를 사용한다는 것을 컴파일러에게 알림
		← 함수 sum은 int형의 값을 호출 측에 반환함을 컴파일러에게 알림
		← 함수 sum의 첫 번째와 두 번째 인수는 int형이며 이에 맞지 않는 인수가 사용되는 경우에는 경고를 발생해 줄 것을 컴파일러에게 알림
②	int sum(int, int);	← 함수의 호출 측에서는 자유로운 인수명이나 숫자 상수를 사용하므로 함수의 원형을 선언하는 경우에는 가인수명 x, y를 생략 가능함

```
#include 〈iostream〉
using namespace std;
int sum(int x, int y);                    //함수의 원형 선언//가인수명 x, y를 생략해도 무방

int main()                                //main() 함수
{
 int a, b, c;
 a=10, b=5;
 c=sum(a, b);
 cout〈〈"c=a+b="〈〈c〈〈endl;
 return 0;
}

int sum(int x, int y)                     //사용자 정의 함수
{
 int z;
 z=x+y;
 return z;
}
```

↗ 실행 결과   c=a+b=15

↗ 해설

• sum() 함수의 원형을 main() 함수 앞에 선언하고 sum() 함수를 main() 함수 뒤에 정의하였다.

```
#include 〈iostream〉
using namespace std;
int add(int x1, int y1);            //덧셈 연산 함수의 원형 선언
int mul(int x2, int y2);            //곱셈 연산 함수의 원형 선언

int main()
{
  int a, b, c, d;
  cout〈〈"a? b? ";
  cin〉〉a〉〉b;
  c=add(a, b);                      //덧셈 연산 함수의 호출
  d=mul(a, b);                      //곱셈 연산 함수의 호출
  cout〈〈"a+b="〈〈c〈〈", a*b="〈〈d〈〈endl;
  return 0;
}

int add(int x1, int y1)            //덧셈 연산 함수의 정의
{
  int z;
  z=x1+y1;
  return z;
}

int mul(int x2, int y2)            //곱셈 연산 함수의 정의
{
  int k;
  k=x2*y2;
  return k;
}
```

↗ 실행 결과

```
a? b? 10 50 [Enter↵]
a+b=60, a*b=500
```

↗ 해설

• add() 함수와 mul() 함수의 원형을 main() 함수 앞에 선언하고 각각의 함수를 main() 함수 뒤에 정의하였다. 함수들의 원형을 선언하거나 함수들을 정의할 때 각 함수들의 순서는 관계없다.

6.4 void형 함수

함수형은 return문에서 반환해 주는 값의 데이터형과 일치해야 하며 만일, 반환값이 없으면 함수형을 void로 지정한다. 특히 함수형이 int형인 경우에는 함수형을 생략할 수 있는데, 이와 같은 경우에도 함수의 형태를 파악하기 쉽도록 함수형을 기술하는 것이 바람직한 프로그래밍 작성법이라 할 수 있다.

void형의 함수에서는 반환값이 없기 때문에 return문을 사용하지 않지만 뒤에 식이 생략된 return문을 void형의 함수인 경우에 특별히 사용할 수 있다. 이러한 경우에는 반환값이 없기 때문에 return문을 만나면 호출 측에 어떤 값도 되돌려 주지 않고 제어만 강제적으로 이동시키게 된다.

또한, void는 함수를 정의할 때 인수가 없다는 의미로도 사용된다. 지금까지는 인수가 있는 함수에 대해서만 다루었다. 인수가 없는 함수를 정의하는 경우에는 괄호 안을 비워 두어도 되지만 괄호 안에 void를 기입하는 것이 보다 바람직한 프로그래밍 작성법이라 하겠다.

예제 프로그램 6-6

```
#include <iostream>
using namespace std;
void abc(int x);              //함수의 원형 선언

int main()                    //main() 함수
{
  abc(123);                   //사용자 정의 함수 abc를 호출
  return 0;
}

void abc(int x)               //사용자 정의 함수
{
  cout << x << endl;
}
```

↗ 해설

- abc() 함수는 return문이 없기 때문에 전달된 숫자를 10진수로 출력만 하고 반환값 없이 프로그램의 제어를 호출 측으로 이동시킨다. 반환값이 없는 경우에는 함수의 정의와 함수의 원형 선언에서 함수형을 void로 지정한다.

예제 프로그램 6-7

```
#include <iostream>
using namespace std;
void mbc(void);                    //함수 mbc는 반환값과 인수가 없음을 선언

int main()                         //main() 함수
{
  mbc();                           //사용자 정의 함수 mbc를 호출
  return 0;
}

void mbc(void)                     //인수가 없는 사용자 정의 함수
{
  cout << "C++ programming is fun" << endl;
}
```

↗ 실행 결과   C++ programming is fun

↗ 해설

- 함수 mbc는 반환값이 없기 때문에 void형의 함수이다. 또한, 함수 mbc는 인수가 없기 때문에 함수의 정의와 함수의 원형 선언에서 괄호 안에 void를 기입하였다.

예제 프로그램 6-8

```cpp
#include <iostream>
using namespace std;
void kbs(void);                          //함수의 원형 선언

int main()                               //main() 함수
{
  kbs();                                 //함수 호출
  return 0;
}

void kbs(void)                           //사용자 정의 함수
{
  cout << "Pass" << endl;
  return;                                //식이 생략된 return문
  cout << "Failure" << endl;
}
```

↗ 실행 결과

Pass

↗ 해설

• void형의 함수 내에서 식이 없는 return문을 만나면 현재의 실행 위치와 관계없이 프로그램의 제
  어를 호출 측으로 이동시키므로 return문 아래의 문장은 실행되지 않는다.

6.5 함수의 재귀 호출

재귀 호출(recursive call)이란 함수가 자기 자신을 다시 호출하여 실행시키는 것을 말한다. 함수가 호출되면 실인수를 전달받는 가인수들의 값과 그 함수 내에서만 일시적으로 사용되는 변수(지역 변수)들의 값은 메모리상의 스택(stack)이라는 임시 메모리 영역에 저장되며 함수의 실행이 종료되면 이들 값이 스택에서 제거된다.

만일 재귀 호출의 회수가 많아지면 호출된 횟수만큼 반복하여 가인수들과 지역 변수들의 메모리 영역이 새롭게 스택에 확보된다. 따라서 함수의 과도한 재귀 호출은 스택의 이용을 증가시키게 되어 "stack overflow" 오류가 발생하게 되므로 주의해야 한다.

예제 프로그램 6-9

```cpp
#include <iostream>
using namespace std;
int fact(int n);                    //함수의 원형 선언

int main()
{
 int a, b;
 cout<<"a? ";
 cin>>a;
 b=fact(a);                         //함수 호출
 cout<<a<<"! = "<<b<<endl;
 return 0;
}

int fact(int n)                     //사용자 정의 함수
{
 if(n==1)
    return 1;
 else
    return (n*fact(n-1));           //함수의 재귀 호출
}
```

a? 3 [Enter↵]
3! = 6

해설

- 이 프로그램은 함수의 재귀 호출을 이용해서 factorial 값을 구하는 것이다. 함수의 재귀 호출이 이루어지는 경우에는 반드시 return문 등을 사용해서 재귀 호출의 종료를 나타내어야 한다.
- 키보드로 입력한 a의 값(실인수) 3이 피 호출 함수의 가인수 n에 전달되고 n=1이 아니므로 fact(3)에서 return (3*fact(2));가 실행된다. 이때 결과값 3*fact(2)를 main() 함수 내의 호출 측에 반환하기 전에 fact(2)가 실행된다. fact(2)의 실행 결과는 2*fact(1)이고 재귀 호출된 fact(1)의 실행 결과는 1이다. 이때 함수의 재귀 호출이 종료되고 3*2*1의 값이 fact(3)를 호출한 main() 함수 내로 반환된다.

6.6 인수의 전달 방식

함수가 인수를 사용하는 경우에 호출 측에서 피 호출 함수에게 인수를 전달하는 방식에는 두 가지가 있다. 하나는 실인수의 값을 가인수에 전달하는 call by value(값에 의한 호출) 방식이고, 다른 하나는 실인수의 주소(address)를 가인수에 전달하는 call by reference(참조에 의한 호출) 방식이다.

6.6.1 Call by Value

call by value는 가장 일반적인 인수 전달 방식으로 실인수의 실제값이 피 호출 함수에 전달된다. 이때 호출된 함수는 실인수의 값을 가인수에 복사하여 사용하게 되는데, 실인수와 가인수는 서로 다른 메모리 영역을 사용한다.

가인수들의 값은 스택이라는 임시 메모리 영역에 저장되며 함수의 실행이 종료되면 이들 값이 스택에서 제거된다. 따라서 피 호출 함수의 실행 중에 가인수의 값을 바꾸더라도 호출 측에서 사용된 실인수의 값은 변경되지 않기 때문에 호출 측과 피 호출 함수는 독립성을 유지할 수 있다.

예제 프로그램 6-10

```cpp
#include <iostream>
using namespace std;
void swap(int x, int y);                    //함수의 원형 선언

int main()
{
    int x, y;
    x=100, y=600;
    swap(x, y);                             //함수 호출//실인수의 값을 전달
    cout<<"main routine : x="<<x<<", y="<<y<<endl;
    return 0;
}

void swap(int x, int y)                     //사용자 정의 함수
{
    int temp;
    temp=x;
    x=y;
    y=temp;
    cout<<"sub routine : x="<<x<<", y="<<y<<endl;
}
```

↗ **실행 결과**

```
sub routine : x=600, y=100
main routine : x=100, y=600
```

↗ **해설**

• 실인수 x와 y의 실제값인 100과 600을 가인수 x와 y에 전달한다(call by value). 이때 인수명이 동일하지만 실인수와 가인수는 서로 다른 메모리 영역을 사용하기 때문에 각각은 별개이다. 특히 가인수 x와 y의 값은 스택이라는 임시 메모리 영역에 저장되고, 함수의 실행이 종료되면 가인수 x와 y는 스택에서 제거된다.

• 따라서 함수의 실행 중에 가인수 x와 y의 값이 600과 100으로 바뀌더라도 함수의 실행이 종료되면 가인수 x와 y는 스택에서 제거되기 때문에 호출 측의 실인수 x와 y의 값에 영향을 미치지 못한다.

예제 프로그램 6-11

```cpp
#include <iostream>
using namespace std;
int func(int x, int y);                        //함수의 원형 선언

int main()
{
  int x, y, z;
  cout<<"x? y? ";
  cin>>x>>y;
  z=func(x, y);                                //함수 호출//실인수의 값을 전달
  cout<<"z="<<z<<endl;
  cout<<"main routine : x="<<x<<endl;
  return 0;
}

int func(int x, int y)                         //사용자 정의 함수
{
  if(x>y)
    x-=y;
  else
    x+=y;
  cout<<"sub routine : x="<<x<<endl;
  return x;
}
```

↗ 실행 결과

```
x? y? 200 500 Enter↵
sub routine : x=700
z=700
main routine : x=200
```

↗ 해설

- 실인수 x와 가인수 x는 서로 다른 메모리 영역을 사용하기 때문에 각각은 별개의 것이다.
- 함수의 실행 중에 가인수 x의 값이 바뀌더라도 함수의 실행이 종료되면 가인수 x는 스택에서 제거되기 때문에 호출 측에서 사용되는 실인수 x의 값을 바꾸지 못한다.

6.6.2 Call by Reference

call by reference(또는 call by address) 방식에서는 실인수의 주소가 피 호출 함수에 전달된다. 호출된 함수는 실인수의 메모리 위치를 나타내는 주소를 가인수에 복사하여 사용하므로 마치 실인수를 직접 사용하는 것과 같게 된다. 따라서 피 호출 함수에서 가인수의 값을 바꾸면 호출 측의 실인수값이 변경된다. 이때 가인수는 주소를 전달받기 때문에 포인터로 선언해야 한다.

return문은 어떤 함수에서 실행된 결과를 호출 문장에 돌려줄 때 사용된다. 함수 내에 여러 개의 return문을 기술할 수 있지만 함수의 실행 과정에서 처음 만나는 return문에 의해 값이 반환되고 프로그램의 제어가 호출 측으로 이동하기 때문에 return문을 이용해서 전달해줄 수 있는 반환값의 개수는 오직 한 개뿐이다. 만일 피 호출 함수 내에서 두 개 이상의 값을 호출 측에 되돌려 주려면 실인수의 주소를 가인수에 전달하는 call by reference 방식을 사용해야 한다.

배열을 함수에 전달하는 경우에도 call by reference 방식을 사용해야 한다. 프로그램 내에 배열 요소가 1,000개인 다음과 같은 char형 배열 s가 선언되었다고 가정해 보자.

```
char s[1000];
```

배열 s의 모든 요소들의 값을 함수에 전달하기 위해서는 1,000개의 배열 요소 각각을 함수에 전달해 주어야 하는데, 이것은 프로그램 작성을 매우 힘들고 복잡하게 만든다. 그러나 배열의 시작 주소를 함수에 전달해 주면 함수 내부에서는 전달된 주소로부터 배열의 실제 내용을 참조할 수 있기 때문에 주소의 전달만으로 배열의 모든 요소를 함수에 전달해주는 효과를 볼 수 있다. 배열명은 배열의 시작 주소를 나타내므로 호출 측의 실인수로 배열명을 사용하면 배열의 모든 요소가 함수에 전달된다.

예제 프로그램 6-12

```cpp
#include <iostream>
using namespace std;
void func(int x, int y, int *z);              //함수의 원형 선언

int main()
{
  int a, b, c;
  a=2, b=3;
  func(a, b, &c);                             //실인수 c의 주소 사용
  cout<<"c = "<<c<<endl;
  return 0;
}

void func(int x, int y, int *z)               //가인수 z를 포인터로 선언
{
  *z=x+y;
}
```

↗ **실행 결과**

c=5

↗ **해설**

- call by reference 방식에 의해 실인수 c의 주소(&c)를 포인터인 가인수 z에 전달한다. 피 호출 함수에서는 가인수 z가 가리키는 메모리 영역(&c)에 x+y의 값을 저장한다(*z=x+y). 따라서 c에는 5가 대입된다.

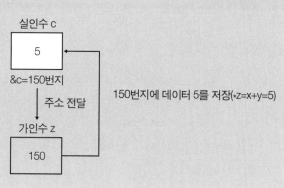

```
#include <iostream>
using namespace std;
void swap(int *x, int *y);                    //함수의 원형 선언

int main()
{
  int x, y;
  x=100, y=600;
  cout<<"original values : x="<<x<<", y="<<y<<endl;
  swap(&x, &y);                               //실인수로 주소 사용
  cout<<"new values : x="<<x<<", y="<<y<<endl;
  return 0;
}

void swap(int *x, int *y)                     //가인수를 포인터로 선언
{
  int temp;
  temp=*x;
  *x=*y;
  *y=temp;
}
```

↗ **실행 결과**

```
original values : x=100, y=600
new values : x=600, y=100
```

↗ **해설**

• call by reference 방식에 의해 실인수 x와 y의 주소(&x, &y)를 포인터인 가인수 x와 y에 전달한다. 실인수와 가인수는 서로 다른 메모리 영역을 사용하기 때문에 별개이다. 피 호출 함수에서는 가인수 x와 y가 가리키는 메모리 영역(&x, &y)의 데이터 값을 변경시켜(*x=*y=600, *y=temp=100) 호출 측에 넘기기 때문에 호출 측의 실인수 x와 y의 값이 변경된다(call by value 방식의 프로그램 6.10 참조).

- call by reference 방식에 의해 호출 측에 두 개의 값(x=600, y=100)을 되돌려 주었다. 반면에 return문을 이용해서 호출 측에 전달해 줄 수 있는 반환값의 개수는 오직 한 개뿐이다.

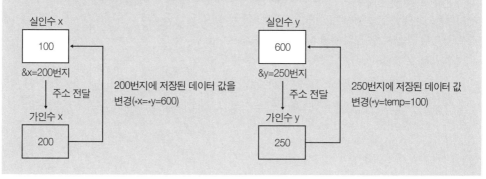

예제 프로그램 6-14

```
#include 〈iostream〉
using namespace std;
void cast(int *z);                    //함수의 원형 선언

int main()
{
  int a[3];
  a[0]=2, a[1]=3;
  cast(a);                            //실인수로 배열명(배열의 시작 주소) 사용
  cout〈〈"a[2] = "〈〈a[2]〈〈endl;
  return 0;
}

void cast(int *z)                     //가인수로 포인터 사용
{
  *(z+2)=(*z)*(*(z+1));
}
```

➤ **실행 결과**   a[2]=6

✎ 해설

- 배열명은 배열의 시작 주소를 나타내므로 호출 함수 cast(a);에서 배열 a의 시작 주소(&a[0])가 포인터인 가인수 z에 전달된다(call by reference 방식). 피 호출 함수에서는 가인수 z+2가 가리키는 메모리 영역(&a[2])에 (*z)*(*(z+1))=a[0]*a[1]=6을 저장한다. 따라서 a[2]에는 6이 대입된다.

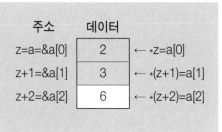

주소	데이터	
z=a=&a[0]	2	← *z=a[0]
z+1=&a[1]	3	← *(z+1)=a[1]
z+2=&a[2]	6	← *(z+2)=a[2]

예제 프로그램 6-15

```
#include <iostream>
using namespace std;
void print_upper(char *a);          //함수의 원형 선언

int main()
{
  char s[10];
  cin>>s;                           //문자열을 키보드로 입력
  print_upper(s);                   //실인자로 배열명 사용
  return 0;
}

void print_upper(char *a)           //사용자 정의 함수
{
  int i=0;
  cout<<a<<endl;
  while(*(a+i))                     //*(a+i)가 0(거짓)이 아니면 루프를 반복 실행
  {
    *(a+i)=toupper(*(a+i));         //*(a+i)를 대문자로 변환
    cout<<*(a+i);
    ++i;
  }
  cout<<endl;                       //개행
}
```

↗ 해설

- 배열을 함수에 전달하기 위해서는 call by reference 방식을 사용해야 한다. 배열명은 배열의 시작 주소를 나타내므로 호출 측의 실인수로 배열명을 사용하면 배열의 모든 요소가 함수에 전달된다.
- 키보드로 입력된 문자열 computer가 배열 s에 기억된다. 배열 s에 저장된 문자열을 함수에 전달하기 위해서는 배열명 s를 실인수로 사용한다. 이때 대응되는 가인수는 char형 포인터로 선언되어 있는데, 포인터 a에는 전달된 배열의 시작 주소가 저장된다.
- toupper() 함수는 영문 소문자를 영문 대문자로 변환하는 기능을 수행한다.

배열 s의 시작 주소(100)를 포인터 a에 전달

print_upper(s)			void print_upper(char *a)
s[0]	100번지	c	*a
s[1]	101번지	o	*(a+1)
s[2]	102번지	m	*(a+2)
s[3]	103번지	p	*(a+3)
s[4]	104번지	u	*(a+4)
s[5]	105번지	t	*(a+5)
s[6]	106번지	e	*(a+6)
s[7]	107번지	r	*(a+7)
s[8]	108번지	10	*(a+8)
s[9]	109번지	10	*(a+9)

6.7 참조자

포인터의 일부분을 대신해 주는 것으로 참조자(reference)가 있다. 참조자는 특정 변수를 다른 이름으로 만들거나 함수의 인수를 전달할 때 유용하게 사용된다. 실제로 참조자는 함수와 함께 사용되는 경우가 대부분인데, 함수에 인수를 전달하고 함수 내에서 바꾼 값을 받아 오는 프로그램을 작성하는 경우에 가인수로 참조자를 사용하면 쉬운 코드를 작성할 수 있다. 하지만 잘못 사용하면 코드가 어려워진다. 참조자를 사용하는 방법에 대해서 알아보자.

6.7.1 참조자 변수

참조자 변수는 대응되는 변수의 다른 명칭으로 참조 연산자인 기호 &를 사용하여 선언한다.

✦ 형식(참조자 선언)

데이터형 &참조자 변수 = 변수;

참조자 변수는 포인터와 비슷해 보이지만 포인터는 아니다. 즉, 포인터는 대응되는 변수의 주소를 가리키지만 참조자 변수는 이미 존재하는 변수의 별명으로 대응되는 변수와 동일한 데이터 값과 동일한 주소를 갖는다. 따라서 참조자 변수의 데이터형은 대응되는 변수의 데이터형과 동일해야 하며, 변수의 값이 변경되면 참조자 변수의 값도 변하고 역으로 참조자 변수의 값을 변화시키면 대응 변수의 값도 변한다.

참조자를 적용하는 데는 몇 가지 제약이 있다. 다른 참조에 대한 참조는 할 수 없으며, 참조자 배열과 참조자 포인터를 작성할 수도 없다. 또한, 참조 변수가 함수의 가인수, 반환값, 클래스의 멤버가 아니라면 선언과 동시에 반드시 초기화되어야 한다.

예제 프로그램 6-16

```cpp
#include <iostream>
using namespace std;
int main()
{
  int Number=3;
  int &rNumber=Number;              //C++의 참조자 정의//선언과 동시에 초기화
  cout<<"Number="<<Number<<endl;
  cout<<"rNumber="<<rNumber<<endl;
  rNumber=4;
  cout<<"rNumber="<<rNumber<<endl;
  cout<<"Number="<<Number<<endl;
  return 0;
}
```

↗ 실행 결과

```
Number=3
rNumber=3
rNumber=4
Number=4
```

↗ 해설

- 참조자 rNumber는 변수 Number의 다른 이름이라고 생각하면 쉽다. 포인터와 마찬가지로 참조자를 정의하면 해당하는바이트 크기만큼의 메모리 영역이 할당된다.
- 참조자가 함수의 가인수로 사용되는 것이 아니라 특정 변수의 다른 이름으로 선언되는 경우에는 반드시 선언과 동시에 초기화되어야 한다. 즉, int &rNumber; rNumber=Number;와 같은 방식으로 사용할 수 없다.

6.7.2 함수의 참조자 인수

call by reference 방식은 실인수의 주소를 가인수에 전달하기 때문에 피 호출 함수에서 가인수의 값을 바꾸면 호출 측의 실인수 값이 변경된다는 것을 앞에서 학습하였다. C++에서는 가인수를 포인터로 선언하여 call by reference 방식의 프로세스를 작성하게 되는데, 이때 실인수 앞에 주소 연산자인 기호 &를 붙여 가인수에 전달할 실인수의 주소를 수 작업으로 생성시킨다. 또한, 피 호출 함수에서 실인수의 값을 바꾸려면 가인수 앞에 간접 연산자인 기호 *를 사용해야만 한다.

그러나 **참조자**를 가인수로 사용하여 call by reference 방식의 프로세스를 자동화할 수 있다. 참조자를 가인수로 사용하면 실인수 앞에 &를 붙이지 않아도 컴파일러는 실인수의 주소를 자동적으로 가인수에 전달한다(실제로는 실인수 앞에 &를 붙이면 오류가 발생하므로 주의해야 한다). 또한, 참조자 가인수는 실제로는 실인수와 동일하기 때문에 피 호출 함수 내에서 참조자 가인수의 앞에 *를 사용하지 않아도 실인수의 값을 변경시킬 수 있다(실제로는 참조자 가인수 앞에 *를 붙이면 오류가 발생하므로 주의해야 한다).

함수의 가인수로 참조자를 사용하면 포인터를 가인수로 사용하는 방식(call by reference)과 동일한 효과를 얻을 수 있으면서도 포인터 연산자를 사용하는 번거로움을 피할 수 있기 때문에 편리하다.

예제 프로그램 6-17

```
#include <iostream>
using namespace std;
void swap(int &x, int &y);          //함수의 원형 선언

int main()
{
   int x, y;
   x=100, y=600;
   cout<<"original values : ";
   cout<<"x="<<x<<", y="<<y<<endl;
   swap(x, y);                      //함수 호출//기호 &를 실인수 앞에 붙이지 않는다.
   cout<<"new values : ";
   cout<<"x="<<x<<", y="<<y<<endl;
   return 0;
}

void swap(int &a, int &b)           //참조자 가인수를 사용//int &a=x, int &b=y
{
   int temp;
   temp=a;                          //가인수 a는 참조자이므로 기호 *를 붙이지 않는다
   a=b;                             //가인수 b는 참조자이므로 기호 *를 붙이지 않는다
   b=temp;
}
```

↗ 실행 결과

```
original values : x=100, y=600
new values : x=600, y=100
```

↗ 해설

● 참조자를 가인수로 사용하여 call by reference 방식의 프로세스를 자동화할 수 있다. 참조자를 가인수로 사용하는 경우에는 실인수 앞에 &를 붙이지 않는다.

● 참조자 가인수 a는 실인수 x와 동일하며 참조자 가인수 b는 실인수 y와 동일하다.

● 피 호출 함수 swap()에서 참조자 가인수 a와 b의 값을 서로 바꾸면 대응되는 실인수 x와 y의 값도 바뀌게 된다. 이때 참조자 가인수 a와 b앞에 *를 사용하지 않는다(예제 프로그램 6-13 참조).

6.7.3 참조자 반환

함수는 참조자를 호출 측에 반환할 수도 있다. 참조자를 반환값으로 호출 측에 반환하면 대입문의 왼쪽에 함수를 사용할 수 있게 되며, 특히 참조자 반환은 10장에서 다루게 될 첨자 연산자([ ])를 오버로드 하는 경우에 유용하게 사용된다.

예제 프로그램 6-18

```
#include <iostream>
using namespace std;
char &func();              //참조자 반환 함수의 원형 선언
char x;

int main()
{
  func()='A';              //대입문 왼쪽에 함수 사용//x='A'
  cout<<"x="<<x<<endl;
  return 0;
}

char &func()               //참조자 반환 함수의 정의
{
  return x;                //참조자(주소)를 반환
}
```

✦ 실행 결과

x=A

✦ 해설

• func() 함수는 char형 변수 x에 대한 참조자를 호출 측에 반환하도록 정의되었다. return x;는 char형 변수 x를 반환하는 것이 아니라 x의 주소(참조)를 반환한다. 따라서 main() 함수에서 func()='A';는 x에 문자 A를 대입한다.

6.8 인라인 함수

함수를 호출하면 정의된 해당 함수로 이동해서 기능을 실행하고 함수의 실행이 종료되면 곧바로 호출하였던 문장으로 복귀하여 다음 문장을 실행하게 된다. 이때 함수의 실행과 복귀에는 상당한 부하가 발생하기 때문에 이러한 과정에 많은 시간이 소요되며, 특히 인수를 전달하는 경우에는 보다 많은 시간이 소요된다.

C++에서는 이러한 문제점을 해결하기 위해 인라인 함수(inline function)라는 중요한 기능을 제공한다. 인라인 함수는 일반 함수처럼 호출하여 사용하는 것이 아니라 호출한 위치의 라인상에 직접 삽입(복사)하여 실행하게 된다. 따라서 인라인 함수는 일반 함수를 호출하였을 때처럼 실행한 뒤 다시 복귀하는 시간이 소요되지 않기 때문에 실행 속도가 빨라진다.

그러나 인라인 함수의 코드가 길고 자주 호출되는 경우에는 프로그램 자체의 크기가 매우 커지게 된다. 그러므로 짧은 코드로 이루어진 함수들을 인라인 함수로 사용하는 것이 바람직하다. 인라인 함수를 사용하기 위해서는 inline이라는 예약어를 사용하여 함수를 정의해야 한다.

컴파일러의 종류에 따라서는 인라인 함수로 사용될 수 있는 제약이 부과되는데, 예를 들면 어떤 컴파일러는 static 변수나 루프문, switch문, goto문, 재귀 함수를 인라인화 하지 못하도록 한다. 그러므로 인라인 함수의 제한에 대해서는 현재 사용하고 있는 컴파일러의 사용자 메뉴를 참조해야 한다.

특정 함수가 인라인 함수로 사용될 수 없는 경우에는 그 함수는 일반 함수로 컴파일 된다. 인라인 함수는 반드시 호출 전에 정의되어 있어야만 main() 함수 내에서 인라인으로 전개된다. 그렇지 않으면 컴파일러는 인라인 함수로 인식하지 않는다.

예제 프로그램 6-19

```
#include <iostream>
using namespace std;
inline int min(int a, int b)                    //인라인 함수
{
  return a<b ? a : b;
}

int main()
{
  cout<<"min(10, 50) : "<<min(10, 50)<<endl;
  cout<<"min(100, 30) : "<<min(100, 30)<<endl;
  return 0;
}
```

↗ **실행 결과**

```
min(10, 50) : 10
min(100, 30) : 30
```

↗ **해설**

- 예약어 inline을 이용해서 min() 함수를 인라인 함수로 사용하기 위해서는 main() 함수 앞에서 정의되어야 한다.

6.9 함수의 오버로드

함수 호출은 함수명을 이용하여 이루어지기 때문에 서로 다른 기능을 갖는 함수를 동일 이름의 함수명으로 지정하면 오류가 발생하게 된다. 그러나 C++ 언어에서는 동일한 함수명을 갖는 여러 개의 함수가 존재하더라도 각 함수가 사용하는 인수의 개수와 인수의 데이터형을 검사하여 해당 함수를 호출할 수 있기 때문에 서로 다른 기능을 갖는 함수를 같은 이름으로 지정하여 나타낼 수가 있다. 이와 같이 동일한 이름으로 여러 개의 함수를 정의하여 사용할 수 있는 특성을 함수의 오버로드(overloading)라 한다.

이때 주의해야 할 점은 오버로드되는 함수들은 반환하는 값의 데이터형(함수형)이 같아야 한다. 왜냐하면, 함수의 리턴형(함수형)으로 오버로드되는 함수들을 구분하는 것이 아니라 각 함수가 사용하는 인수의 개수와 인수의 데이터형을 검사하여 구분하기 때문에 리턴 값의 데이터형만 다른 다음과 같은 함수들은 오버로드 할 수 없다.

```
int sub(int a, int b);          ←          int형
char sub(int a, int b);         ←          char형
```

따라서 위와 같은 함수들을 동일 프로그램 내에 함께 사용하면 오류가 발생한다.

```
#include <iostream>
using namespace std;
int add(int, int);                    //함수의 원형 선언
int add(int, int, int);               //함수의 원형 선언

int main()
{
  int a, b, c;
  cout<<"a, b, c? ";
  cin>>a>>b>>c;
  cout<<"a+b="<<add(a, b)<<endl;      //함수 호출
  cout<<"a+b+c="<<add(a, b, c)<<endl; //함수 호출
  return 0;
}

int add(int a, int b)                 //2개의 인수를 사용하는 함수
{
  return a+b;
}

int add(int a, int b, int c)          //3개의 인수를 사용하는 함수
{
  return a+b+c;
}
```

↗ 실행 결과

```
a, b, c? 100 200 300 [Enter ↵]
a+b=300
a+b+c=600
```

↗ 해설

- add라는 동일한 함수명을 갖는 두 개의 함수가 정의 되어 있고 각 함수에서 사용하는 인수의 개수가 다르기 때문에 함수를 호출할 때 인수의 개수를 검사하여 해당 함수를 호출한다.

예제 프로그램 6-21

```cpp
#include <iostream>
using namespace std;
int add(int, int);
double add(double, double);

int main()
{
 int a=10, b=100;
 double c=1.25, d=2.5;
 cout<<a<<"+"<<b<<"="<<add(a, b)<<endl;        //함수 호출
 cout<<c<<"+"<<d<<"="<<add(c, d)<<endl;        //함수 호출
 return 0;
}

int add(int a, int b)                          //인수의 데이터형이 정수형
{
 return a+b;
}

 double add(double c, double d)                //인수의 데이터형이 실수형
{
 return c+d;
}
```

↗ 실행 결과

```
10+100=110
1.25+2.5=3.75
```

↗ 해설

• add라는 동일한 함수명을 갖는 두 개의 함수가 정의되어 있고 각 함수에서 사용하는 인수의 데이터형이 다르기 때문에 함수를 호출할 때 인수의 데이터형을 검사하여 해당 함수를 호출한다.

6.10 함수의 디폴트 값 인수

C++에서는 함수의 인수를 디폴트(default) 값으로 지정하여 사용할 수 있다. 디폴트 값 인수란 함수의 원형 선언 또는 함수의 정의에서 인수에 값을 지정해 두는 것을 말한다. 함수의 인수를 디폴트 값으로 지정해 두면 함수 호출 시 인수값을 넘겨주지 않아도 디폴트로 지정된 인수값이 피 호출 함수로 넘어가 처리된다.

예제 프로그램 6-22

```cpp
#include <iostream>
using namespace std;
void sub(int a=10, int b=20, int c=30);        //인수의 디폴트 값 지정

int main()
{
  sub();                                        //인수 모두를 디폴트 값으로 지정
  sub(5);                                       //인수 b, c를 디폴트 값으로 지정
  sub(5, 15);                                   //인수 c를 디폴트 값으로 지정
  sub(5, 15, 25);                               //디폴트 값 사용 안함
  return 0;
}

void sub(int a, int b, int c)                   //함수의 정의
{
  cout<<"a="<<a<<", b="<<b<<", c="<<c<<endl;
}
```

↗ 실행 결과

```
a=10, b=20, c=30
a=5, b=20, c=30
a=5, b=15, c=30
a=5, b=15, c=25
```

예제 프로그램 6-23

```
#include <iostream>
using namespace std;
void sub(int a=10, int b=20, int c=30)          //함수의 정의//인수의 디폴트 값 지정
{
  cout<<"a="<<a<<", b="<<b<<", c="<<c<<endl;
}

int main()
{
  sub();
  sub(5);
  sub(5, 15);
  sub(5, 15, 25);
  return 0;
}
```

☝ 실행 결과

```
a=10, b=20, c=30
a=5, b=20, c=30
a=5, b=15, c=30
a=5, b=15, c=25
```

☝ 해설

- 함수를 main() 함수 앞에서 정의하는 경우에는 함수의 원형을 선언할 필요가 없으며, 이때 함수의 인수를 디폴트 값으로 지정하려면 함수의 정의에서 인수를 디폴트 값으로 지정해야 한다.

6.11 변수의 유효 범위와 기억 장소의 유형

함수를 사용하여 프로그램을 작성할 때는 변수의 유효 범위를 적절히 지정해 주어야 한다. 변수의 유효 범위에 영향을 미치는 요소로는 변수가 선언된 위치와 기억 장소(storage class)의 유형이 있다.

6.11.1 변수의 유효 범위

변수는 선언된 위치에 따라 지역 변수(local variable)와 전역 변수(global variable)로 나눌 수 있는데, 변수의 선언 위치에 따라 변수의 통용 범위가 달라진다. 지역 변수는 함수 내부에서 선언되며 선언된 함수 내부에서만 통용되고 다른 함수에서는 사용할 수 없다. 이에 반해 전역 변수는 함수 외부에서 선언되며 선언된 위치 이후의 모든 함수에서 통용된다.

C++에서 지역 변수는 함수(또는 블록) 내의 어느 곳에서나 선언할 수 있지만 가능하면 함수(또는 블록)의 시작 부분에 선언하는 것이 바람직한 프로그램 작성법이라 하겠다.

지역 변수는 선언된 함수 내부에서만 통용되기 때문에 동일한 이름의 변수가 서로 다른 함수의 내부에서 지역 변수로 선언되어 사용되는 경우에도 변수명으로 인한 충돌이 발생하지 않는다. 따라서 함수를 사용하여 프로그램을 작성하는 경우에 지역 변수를 사용하면 함수의 독립성이 유지된다. 만일 동일한 이름의 변수가 지역 변수와 전역 변수로 동시에 사용되면 함수 내에서는 지역 변수가 우선적으로 통용된다. 부득이 지역 변수를 다른 함수 내에서 사용하기 위해서는 인수의 형태로 전달해 주어야 한다.

전역 변수는 일반적으로 main() 함수 앞에서 선언하는데, 이렇게 되면 이 변수는 프로그램 전체에 걸쳐 사용될 수 있기 때문에 인수를 사용하지 않아도 다른 함수로 데이터를 전달해 줄 수 있다. return문을 사용하는 경우에는 한 개의 반환 값만을 호출 측에 전달해 줄 수 있었다. 6.6.2절에서 언급하였던 것처럼 피 호출 함수 내에서 두 개 이상의 값을 호출 측에 되돌려 주려면 실인수의 주소를 가인수에 전달하는 call by reference 방식을 사용해야 한다. 그러나 전역 변수를 사용하면 보다 간단하게 복수개의 값을 호출 측에 되돌려 줄 수 있다.

전역 변수의 남용은 프로그램 작성을 복잡하게 만들고 프로그램의 실행 결과가 의도된 것과 전혀 다른 결과를 초래할 수 있기 때문에 필요한 경우에만 사용해야 한다. 일반적으로 함수를 이용하여 프로그램을 작성하는 경우에는 가급적 지역 변수를 사용하여 함수의 독립성을 유지시키고 다른 함수에 데이터를 전달할 때는 가인수의 형태로 전달한다.

예제 프로그램 6-24

```cpp
#include <iostream>
using namespace std;
void sub(void);

int main()
{
  int a=100;                        //main 함수의 a
  cout<<"main_a="<<a<<endl;
  sub();
  cout<<"main_a="<<a<<endl;
  return 0;
}

void sub(void)
{
  int a=12345;                      //sub 함수의 a
  cout<<"sub_a="<<a<<endl;
}
```

↗ 실행 결과

```
main_a=100
sub_a=12345
main_a=100
```

↗ 해설

• main 함수의 변수 a는 main 함수에서만 통용되는 지역 변수이고 sub 함수의 변수 a는 sub 함수에서만 통용되는 지역 변수이기 때문에 이들 간에 충돌이 발생하지 않는다. 따라서 sub() 함수의 독립성이 유지된다.

```
#include <iostream>
using namespace std;
void sub(void);
int a=100;                          //전역 변수 a를 선언

int main()
{
  int a=123;                        //지역 변수 a를 선언
  cout<<"local_a="<<a<<endl;
  sub();
  cout<<"local_a="<<a<<endl;
  return 0;
}

void sub(void)
{
  a=a+200;
  cout<<"global_a="<<a<<endl;
}
```

↗ 실행 결과

```
local_a=123
global_a=300
local_a=123
```

↗ 해설

• 동일명의 변수 a가 지역 변수(main 함수 내에서 통용)와 전역 변수(프로그램 전체에 통용)로 동시에 선언되었다. 이때 main 함수 내에서는 지역 변수가 우선적으로 통용된다.

예제 프로그램 6-26

```cpp
#include <iostream>
using namespace std;
void sub(int n);

int x=20;                    //전역 변수 x를 선언

int main()
{
  int a=10;                  //지역 변수 a를 선언
  sub(a);                    //지역 변수 a를 인수로서 sub 함수에 전달
  return 0;
}

void sub(int n)              //n=10
{
  int i, sum;
  sum=0;
  for(i=1; i<=n; i++)
    sum=sum+i;
  cout<<"sum="<<sum<<endl;
  x=x+sum;                   //x는 전역 변수이므로 모든 함수에서 통용됨
  cout<<"x="<<x<<endl;
}
```

↗ 실행 결과

```
sum=55
x=75
```

↗ 해설

- main 함수 내부에서 선언된 지역 변수 a를 sub 함수 내에서 사용하려면 가인수로 전달해 주어야 한다.
- sum=0+1+2+3+4+5+6+7+8+9+10=55
- x=20+55=75

```
#include 〈iostream〉
using namespace std;
void sub(void);
int a, b, x, y;                    //전역 변수 선언

int main()
{
  a=500;
  b=200;
  sub();                           //인수 없이 함수 호출
  cout〈〈"a="〈〈a〈〈", b="〈〈b〈〈", x="〈〈x〈〈", y="〈〈y〈〈endl;
  return 0;
}
void sub(void)                     //전역 변수를 사용하므로 인수 불필요
{
  x=a+b;
  y=a-b;              }  x와 y의 값을 호출 측에 전달
}
```

↗ 실행 결과

```
a=500, b=200, x=700, y=300
```

↗ 해설

• a, b는 전역 변수이기 때문에 인수를 사용하지 않고 a와 b의 값을 sub() 함수에 전달할 수 있다. sub() 함수에서는 전달된 a와 b의 값에 대해 덧셈과 뺄셈을 수행하고 연산 결과를 변수 x와 y에 각각 대입한다. 이때 x와 y도 전역 변수이기 때문에 두 개의 값이 호출 측에 전달된다.

6.11.2 기억 장소의 유형

지역 변수와 전역 변수는 기억 장소(storage class)의 유형에 따라 세분화되며, 이들 각 변수들은 메모리상에서 존속하는 기간이 달라진다.

> 지역 변수 - 자동(auto) 변수, 레지스터(register) 변수, 내부 정적(static) 변수
> 전역 변수 - 외부 정적(static) 변수, 외부(extern) 변수

변수의 종류	예약어	기억 장소	존속 기간	변수의 구분	선언 위치
자동 변수	auto	스택 영역	일시적	지역 변수	함수 내부
레지스터 변수	register	레지스터 영역	일시적	지역 변수	함수 내부
내부 정적 변수	static	정적 데이터 영역	영구적	지역 변수	함수 내부
외부 정적 변수	static	정적 데이터 영역	영구적	전역 변수	함수 외부
외부 변수	extern	정적 데이터 영역	영구적	전역 변수	함수 외부

[표 6-1] 기억 장소의 유형

C++언어에서는 기억 장소의 유형을 나타내는 예약어로 auto, register, static, extern의 네 가지를 제공한다. 변수의 유효 범위를 지정하기 위해서는 변수의 데이터형 앞에 이들 예약어를 추가하여 변수를 다음과 같이 선언한다.

↗ 형식

예약어 데이터형 변수명 ;

자동 변수와 외부 변수인 경우에는 대응되는 예약어 auto, extern을 생략해도 된다. 따라서 지금까지 함수 내부에서 변수를 선언해 왔던 "int a;"는 "auto int a;"의 의미이고 함수 외부에서 변수를 선언해 왔던 "int a;"는 "extern int a;"의 의미이다.

(1) 자동(auto) 변수

자동 변수는 어떤 특정한 함수의 내부에서 선언되는 지역 변수로서 통용 범위는 선언된 함수의 내부나 블록({}) 내에서만 유효하다. 자동 변수는 임시 기억 장소인 스택에 동적으로 할당(dynamic allocation)되기 때문에 함수의 실행이 종료하거나 블록을 벗어나면 자동 변수는 메모리에서 소멸한다.

(2) 레지스터(register) 변수

레지스터 변수는 지역 변수로 사용되며 자동 변수와 동일한 성격을 갖는다. 레지스터 변수는 CPU 내에 있는 고속의 임시 기억 장소인 레지스터에 할당되기 때문에 프로그램의 실행 속도를 높일 수 있으나 시스템에 따라 레지스터 변수로 사용할 수 있는 변수의 개수가 제한되기 때문에 가능하면 자동 변수를 사용하는 것이 바람직하다.

(3) 정적(static) 변수

정적 변수를 선언하기 위해서는 데이터형 앞에 static을 추가해야 한다. 정적 변수는 정적 데이터 영역에 할당되기 때문에 자동 변수와는 다르게 함수의 실행이 종료하거나 블록을 벗어나도 메모리에서 제거되지 않는다. 정적 변수에는 내부 정적 변수와 외부 정적 변수가 있다. 내부 정적 변수는 정적 변수가 함수 내부에서 선언된 것으로 지역 변수로 사용된다. 반면에 외부 정적 변수는 정적 변수가 외부에서 선언된 것으로 전역 변수로 사용된다. 자동 변수는 함수가 실행될 때마다 다시 초기화되지만 정적 변수는 컴파일 시에 단 한 번 초기화가 이루어진다.

(4) 외부(extern) 변수

외부 변수는 외부 정적(static) 변수와 마찬가지로 함수 외부에서 선언되는 전역 변수이다. 외부 정적 변수는 한 프로그램 내에서 유효하지만 외부 변수는 프로그램이 여러 개의 모듈(파일)로 나누어 작성된 경우에 각 모듈에서도 유효하다. 만일 다른 모듈에서 선언된 외부 변수를 참조하기 위해서는 참조하려는 모듈 내에 해당 변수를 extern 예약어를 사용하여 외부 변수로 선언해 주어야 한다.

```
#include <iostream>
using namespace std;

int main()
{
  int a=1, b=4, c=6;                                              //nest1에서 참조 가능
  {
    int b=2, c=5;                                                 //nest2에서 참조 가능
    {
      int c=3;                                                    //nest3에서 참조 가능
      cout<<"nest3 : a="<<a<<", b="<<b<<", c="<<c<<endl;    //nest3
    }
    cout<<"nest2 : a="<<a<<", b="<<b<<", c="<<c<<endl;      //nest2
  }
  cout<<"nest1 : a="<<a<<", b="<<b<<", c="<<c<<endl;          nest1
  return 0;
}
```

↗ 실행 결과

```
nest3 : a=1, b=2, c=3
nest2 : a=1, b=2, c=5
nest1 : a=1, b=4, c=6
```

↗ 해설

- 자동 변수는 그 변수가 선언된 해당 블록 내에서만 수명이 유지된다.
- 세 번째 블록에서 선언된 변수 c=3은 세 번째 블록을 벗어나면 소멸되고, 두 번째 블록에서 선언된 변수 b=2, c=5는 두 번째 블록을 벗어나면 소멸된다. 마찬가지로 첫 번째 블록에서 선언된 변수 a=1, b=4, c=6은 첫 번째 블록을 벗어나면 소멸된다.
- 블록을 벗어나면 자동 변수는 메모리에서 소멸하기 때문에 블록 밖에서 블록 안의 변수를 참조할 수 없다.
- 블록 안에 선언된 변수가 없는 경우에는 가장 가까운 바깥쪽 블록 내의 변수를 참조한다.
- 세 번째 블록 안에 a와 b가 선언되지 않았기 때문에 nest3은 2번째 블록의 b와 첫 번째 블록의 a를 참조한다.

```
#include <iostream>
using namespace std;
void sub(void);

int main()
{
  int i;
  for(i=1; i<=3; i++)
    sub();
  return 0;
}

void sub(void)
{
  static int a=1;                  //내부 정적 변수//static 생략 불가
  int b=1;                         //자동 변수
  cout<<"static a="<<a<<", auto b="<<b<<endl;
  a++;
  b++;
}
```

↗ 실행 결과

```
static a=1, auto b=1
static a=2, auto b=1
static a=3, auto b=1
```

↗ 해설

- 자동(auto) 변수는 함수가 실행될 때마다 다시 초기화되기 때문에 sub 함수가 시작될 때마다 b는 항상 1로 다시 초기화된다.
- 정적(static) 변수는 컴파일 시에 단 한 번 초기화가 이루어지기 때문에 sub 함수가 처음 실행될 때만 a=1로 초기화되고 그다음부터는 갱신된 값이 유지된다.

```cpp
#include <iostream>
using namespace std;
void func1(void);
void func2(void);

static int a, b, x, y;              //외부 정적 변수//static 생략 가능
int main()
{
  a=200, b=200;
  func1();
  func2();
  cout<<"a="<<a<<", b="<<b<<", x="<<x<<", y="<<y<<endl;
  return 0;
}

void func1(void)
{
  a=a+100;
  b=b-100;
}

void func2(void)
{
  x=a+b;
  y=a-b;
}
```

↗ 실행 결과   a=300, b=100, x=400, y=200

↗ 해설

• 외부 정적 변수는 해당 파일 내(프로그램 내)에서 유효한 전역 변수이다. 일반적으로 전역 변수로
 는 외부(extern) 변수를 사용하므로 static을 생략해도 된다.

예제 프로그램 6-31

```cpp
/* file1.cpp */

#include <iostream>
using namespace std;
void func1(void);
void func2(void);
int x, y;                      //외부 변수

int main()
{
  x=20, y=30;
  cout<<"x="<<x<<", y="<<y<<endl;
  func1();
  func2();
  return 0;
}

void func1(void)
{
  x=x+10;
  y=y-10;
  cout<<"x="<<x<<", y="<<y<<endl;
}
```

```cpp
/* file2.cpp */              //외부 변수 참조

extern int x, y;
void func2(void)
{
  x=x*10;
  y=y*20;
  cout<<"x="<<x<<", y="<<y<<endl;
}
```

↗ 실행 결과

```
x=20, y=30
x=30, y=20
x=300, y=400
```

↗ 해설

- 외부 변수는 해당 파일뿐만 아니라 다른 파일에서도 참조할 수 있다.
- file1.cpp에서 선언된 외부 변수 x, y를 file2.cpp에서 참조하려면 file2.cpp에서 extern 예약어를 사용하여 x, y를 외부 변수로 선언해야 한다.

연습 문제(객관식)

1. 사용자 정의 함수에 대한 설명 중 잘못된 것은?

① 사용자 정의 함수는 사용자가 목적에 맞도록 만들어 사용할 수 있다.

② 사용자 정의 함수는 한 프로그램 내에 필요한 만큼 정의하여 사용할 수 있다.

③ 함수를 사용하기 위해서는 함수의 기능을 프로그램 내부에 정의하고 해당 함수를 호출하기만 하면 된다.

④ 함수의 기능은 main() 함수 앞이나 뒤에서 정의해야 하며 반드시 함수의 원형을 선언해 주어야 한다.

2. 함수의 기본 형식에 대한 설명 중 잘못된 것은?

① 함수는 머리 부분과 몸체 부분으로 구성된다.

② 함수를 정의하는 경우에 머리 부분에 반드시 세미콜론을 붙인다.

③ 몸체 부분에 내부 변수 선언 및 함수의 기능을 기술한다.

④ 함수의 기능은 수치 계산뿐만 아니라 제어문, cout문 등의 C++에서 사용 가능한 모든 문장을 사용하여 기술할 수 있다.

3. int형 인자를 전달받고 float형 값을 되돌려주는 함수의 원형 선언으로 옳은 것은?

① void sub(int a, int b);　　　　② int sub(float a, float b);

③ float sub(float a, float b);　　　④ float sub(int a, int b);

4. 함수를 호출하는 방법으로 잘못된 것은?

① sub(a, b);　　　　　　② sub();

③ sub(void)　　　　　　④ sub(10, 35);

5. 배열을 함수에 전달하기 위해 사용되는 방법은?

① call by reference　　　② call by value

③ call by array　　　　④ call by name

6. 참조에 의한 함수 호출(call by reference) 방식의 호출 함수 표현 방법 중 맞는 것은?

① test(x, y);　　　　　② start(!x);

③ end(&x, &y);　　　　④ mid(*p, *q);

7. 참조자 변수의 선언으로 맞는 것은?

① int a=3;　　　　　　② int a=3;

　char &b　　　　　　　　char *b=a

③ int a=3;　　　　　　④ int a=3;

　int &b=a;　　　　　　　int *b=a;

8. 인라인 함수에 대한 설명 중 잘못된 것은?

① inline이라는 예약어를 사용하여 함수를 정의해야 한다.

② 짧은 코드보다는 긴 코드로 이루어진 함수들을 인라인 함수로 사용하는 것이 바람직하다.

③ 인라인 함수를 사용하면 일반 함수를 사용할 때보다 실행 속도가 빨라진다.

④ 인라인 함수는 호출 전에 정의되어 있지 않으면 컴파일러는 인라인 함수로 인식하지 않는다.

9. 다음 중 함수의 오버로드가 불가능한 경우는?

　① int sub(int a, int b);

　　double sub(double c, double d);

　② float sub(float a, float b);

　　float sub(float a, float b, float c);

　③ int sub(int a, int b);

　　char sub(int a, int b);

　④ int sub(int a, int b);

　　int sub(int a, int b, int c);

10. 기억 장소의 유형을 나타내는 예약어가 아닌 것은?

　① auto　　　　　② extra　　　　　③ register　　　　　④ static

11. 다음 중 할당되는 기억 장소의 영역이 서로 틀린 변수는?

　① 자동 변수　　　　　　　② 내부 정적 변수

　③ 외부 정적 변수　　　　　④ 외부 변수

12. 정적 변수의 선언으로 맞는 것은?

　① auto int a;　　　　　　② int a;

　③ static int a;　　　　　　④ extern int a;

13. 비록 통용 범위가 한정되기는 하지만 프로그램이 종료될 때까지 계속해서 메모리
　에 존재하는 변수는?

　① 자동 변수　　　　　　　② 내부 정적 변수

　③ 외부 변수　　　　　　　④ 레지스터 변수

14. 다음 설명 중 잘못된 것은?

① 레지스터 변수로 사용할 수 있는 변수의 개수는 제한된다.

② 정적 변수는 전역 변수이다.

③ 외부 정적 변수는 함수 간의 독립성을 떨어뜨린다.

④ 외부 변수 선언은 함수의 밖에서 이루어져야 한다.

연습 문제(주관식)

1. 하나의 소스 파일(source file)을 넘어서 여러 개의 프로그램 단위로부터 참조 가능한 변수는?

2. 자동 변수가 기억되는 메모리 영역은?

3. 외부 정적(static) 변수와 외부(extern) 변수와의 차이점을 설명하시오.

4. 다음 프로그램의 실행 결과를 적으시오.

```cpp
#include <iostream>
using namespace std;
void temp(int x, int *y);

int main()
{
  int a=10, b=20;
  temp(a, &b);
  cout << "a = " << a << " and b = " << b << endl;
  return 0;
}

void temp(int x, int *y)
{
  x = x + *y;
  *y = x + 10;
}
```

5. 세 개의 정수를 인자로 전달받아서 이들 중의 최솟값을 되돌려 주는 함수를 작성하고, 이를 이용하여 키보드로 입력된 세 개의 정수에 대하여 최솟값을 구하는 프로그램을 작성하시오.

연습문제 정답

객관식	1. ④	2. ②	3. ④	4. ③	5. ①	6. ③	7. ③	8. ②	9. ③	10. ②
	11. ①	12. ③	13. ②	14. ②						

주관식 1. 외부(extern) 변수   2. 스택(stack)   3. 기억장소의 유형(6.11.2) 참조
4. a = 10 and b = 40   5. 인수 전달방식(6.6) 참조

PART 07

클래스와 객체

- 클래스의 개념과 클래스의 사용 방법에 대하여 알아본다.
- 멤버 함수에 의해서 처리된 결과를 return문을 이용해서 클래스 외부의 호출 측에 반환하는 방법에 대해서 익힌다.
- 멤버 함수의 오버로드와 디폴트 값 인수에 대해서 익힌다.
- 클래스 배열, 클래스 포인터의 선언 및 초기화 방법에 대해서 알아본다.
- this 포인터에 대해서 알아본다.
- 하나의 객체를 다른 객체에 복사하여 사용하는 방법에 대해서 익힌다.
- 함수의 인수로 객체를 사용하는 방법과 호출측에 객체를 반환하는 방법에 대해서 익힌다.

클래스와 객체

7.1 클래스

일반 변수는 하나의 데이터 값만을 저장할 수 있지만 배열(array)을 이용하면 하나 이 상의 데이터 값을 저장할 수 있기 때문에 많은 데이터를 다루는 경우에 편리하다. 클래스 (class) 역시 배열처럼 많은 데이터를 처리하기 위해 사용된다. 배열은 동일한 데이터형을 갖는 변수들의 집합체이지만 클래스는 다양한 데이터형을 갖는 변수들의 집합체이다. 이 때 클래스내의 서로 다른 형태의 데이터들을 클래스 멤버(데이터 멤버)라 부른다. 또한, 클래스의 멤버로 함수를 사용할 수 있는데, 이를 멤버 함수라 부른다. 멤버 하수는 클래스 내의 데이터 멤버를 참조 및 처리하기 위해 사용된다.

7.1.1 클래스의 정의

클래스를 사용하려면 먼저 사용할 클래스의 형태를 정의해서 컴파일러에게 알려주어 야 한다. 클래스는 class라는 예약어(keyword)를 사용하여 정의한다.

↗ 형식(클래스의 정의)

```
class 클래스명 {
   private:              //전용 멤버 선언//생략 가능
     데이터 멤버;
     멤버 함수;
   public:               //공용 멤버 선언
     데이터 멤버;
     멤버 함수;
     };
```

클래스명은 정의된 클래스의 형틀(template)을 나타내는 이름으로 클래스의 형태를 기억해 컴파일러에게 알려준다. 클래스명은 변수가 아니라 일종의 데이터형이며 변수명의 작성 규칙에 따라 임의로 작성한다. 클래스를 구성하는 데이터 변수를 특별히 데이터 멤버라 부르고, 함수를 멤버 함수라고 부른다.

클래스를 정의할 때 각 멤버들은 전용(private) 멤버나 공용(public) 멤버로 지정할 수 있다. private:로 지정한 이후에는 선언된 데이터 멤버니 멤비 함수들은 해당 클래스 내부에서만 사용할 수 있고 외부에서는 사용할 수 없다. 따라서 해당 클래스의 멤버 함수만이 private:로 지정된 전용 멤버들을 참조할 수 있다.

public:으로 지정한 이후에 선언된 데이터 멤버나 멤버 함수들은 공용 멤버로 해당 클래스 외부에서도 사용할 수 있다. 일반적으로 데이터 멤버는 private:로 지정하고 멤버 함수는 public:으로 지정하여 사용하는데, private :는 생략해도 된다.

[예시 7-1] 클래스의 정의 예

```
class score {          ← 정의된 클래스의 형태를 클래스명 score로 기억한다.
  private:             ← 데이터 멤버는 전용(private) 멤버로 지정한다.
    char name[20];
    int kor;           전용(private) 멤버로 지정된 다양한 데이터형(char형, int형,
    int eng;           float형)의 멤버들(name, kor, eng, ave)로 멤버 함수 output()
    float avg;         에서만 참조 가능하다.
  public:
    void output();     ← 멤버 함수는 공용(public) 멤버로 지정한다.
};                     ← 멤버의 시작과 끝을 중괄호로 묶고 세미콜론을 붙인다.
```

C++은 객체 지향 프로그래밍(OOP : Object Oriented Programming) 개발 방식이다. 프로그램에서 객체(object)란 데이터 멤버와 이들 데이터 멤버를 참조 및 처리할 수 있는 멤버 함수가 하나의 단위로 이루어진 것을 말한다.

"객체 지향" 사고방식은 정보(데이터)와 행동/기능(함수)을 분리하지 않고 하나의 기능 단위로 생각한다. 즉, 객체 지향 프로그래밍은 "데이터 멤버"와 "멤버 함수"를 하나의 단위로 포함하는 객체를 중심으로 프로그래밍 하는 방법을 말하며, 이때 멤버 함수를 메소드(method)라 하고 객체의 속성을 정의하는 것을 클래스라고 한다.

7.1.2 클래스 변수의 선언

클래스의 정의는 단지 클래스의 형태만을 정의하는 것으로 어떤 변수도 생성되지 않았기 때문에 메모리 영역이 할당되지는 않는다. 정의한 클래스를 실제로 사용하기 위해서는 클래스 변수를 선언해주어야 한다. 클래스 변수를 선언하는 일반 형식은 다음과 같다.

↗ 형식1(클래스 변수의 선언)

클래스명 클래스 변수 1, 클래스 변수 2, …;

또한, 형식 1과 같이 클래스 정의와 클래스 변수 선언을 따로 분리하지 않고 형식 2와 같이 클래스 정의와 클래스 변수 선언을 동시에 할 수도 있다.

↗ 형식2(클래스 변수의 선언)

```
class 클래스명 {
  private:
    데이터 멤버;
    멤버 함수;
  public:
    데이터 멤버;
    멤버 함수;
} 클래스 변수 1, 클래스 변수 2, …;
```

앞에서 객체(object)란 데이터 멤버와 이들 데이터 멤버를 참조 및 처리할 수 있는 멤버 함수가 하나의 단위로 이루어진 것이라 언급하였는데, 클래스 변수가 바로 객체에 해당되는 것이다.

요약하면, 클래스 정의는 새로운 형(template)을 정의하는 것으로 나중에 그 형의 객체들을 생성하기 위하여 사용되는 것이다. 정의된 클래스는 메모리 영역을 점유하지 않는 논리적인 추상화이지만 생성된 객체는 메모리 영역을 점유하는 물리적인 존재로 클래스의 실례(instance)이다.

[예시 7-2] 클래스 변수 선언의 예

---

① 클래스 정의와 클래스 변수 선언을 분리(형식 1)

```
class score {                    → 클래스 score의 정의
  private:
    char name[20];
    int kor;
    int eng;
    float avg;
  public:
    void output();
};
```

```
score man, woman;               → 클래스 score형의 변수(객체) man과 woman을 선언
```

② 클래스 정의와 클래스 선언을 통합(형식 2)

```
class score {                    → 클래스 score의 정의
  private:
    char name[20];
    int kor;
    int eng;
    float avg;
  public:
    void output();
} man, woman;                    → 클래스 score형의 변수 man과 woman을 선언
```

[예시 7-2]에서 man과 woman은 score의 구조를 갖는 변수로 선언되었다. 클래스 변수 man과 woman에는 각각 32 바이트 크기의 메모리가 할당되며 각 멤버값들이 메모리에 기억되는 형태는 다음과 같다.

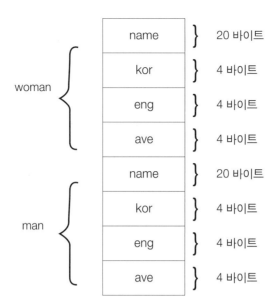

	20 바이트
name	
kor	4 바이트
eng	4 바이트
ave	4 바이트

클래스 변수 man과 woman의 멤버 명칭이 동일하지만 할당되는 메모리 영역이 서로 다르며 전혀 별개의 것으로 취급된다.

[예시 7-3] 일반 변수와, 배열, 클래스 변수의 비교

①	int kor;	// 변수 kor에 int형 데이터 값 하나만을 저장한다.
②	char name[20];	// char형 데이터 값 20개를 배열요소 name[0], name[1], // …, name[19]에 각각 저장한다.

③	struct score {
	  private:
	    int kor;
	    char name[20];
	  public:
	  void output();
	};
	score man;
		
		// 클래스 변수 man은 서로 다른 데이터형인 int형 데이터
		// 값 하나와 char형 데이터 값 20개를 저장한다.

7.1.3 클래스 멤버의 참조

배열을 사용하는 경우 배열요소를 참조하려면 [ ]안에 해당 배열요소의 첨자를 기입하면 되었다. 클래스를 사용하는 경우 public:으로 지정된 공용 멤버들을 해당 클래스의 외부에서 참조하기 위해서는 다음과 같이 클래스 변수명(객체명)과 참조할 공용 멤버명 사이에 도트 연산자(dot operator)인 점을 사용한다.

◀ 형식(클래스 공용 멤버의 참조)

클래스 변수명. 클래스 공용 멤버명;

예를 들어, 다음의 [예시 7-4]와 같이 [예시 7-2]의 객체 man과 woman의 공용 멤버 함수 output()를 클래스 외부에서 호출할 수 있다. 그러나 private:로 지정된 전용 멤버들은 해당 클래스의 외부에서 사용할 수 없기 때문에 도트 연산자를 사용하여 전용 멤버들을 참조하면 오류가 발생한다.

[예시 7-4] 공용 멤버의 호출

```
int main()
{
   ⋮
 man.output();              // 객체 man과 woman의 공용 멤버 함수 output()를
 woman.output();            // 클래스 외부인 main() 함수내에서 호출 가능
 man.kor;                   // 객체 man과 woman의 전용 멤버인 데이터 멤버 kor, eng를
 woman.eng;                 // 클래스 외부인 main() 함수내에서 호출 불가능(오류발생)
   ⋮
}
```

전용 멤버들은 [예시 7-5]와 같이 해당 클래스의 멤버 함수만이 참조할 수 있다. 이때, 전용 멤버들은 멤버 함수 내에서 직접 참조가 가능하므로 객체명을 지정하거나 도트연산자를 사용할 필요가 없다.

[예시 7-5] 전용 멤버의 호출

```cpp
#include <iostream>
 using namespace std;
 class child {
   private:
   char name[10];
   int age;
   int height;
   public:
   void sub()
   {
     cout<<"  name="  <<name<<endl;        // 전용 멤버들(name, age, height)은 클래스
     cout<<"  age="  <<age<<endl;          // child의 멤버함수인 sub()내에서 직접 참조
     cout<<"  height="  <<height<<endl;    // 가 가능
   }
 };
```

7.1.4 클래스 멤버 함수와 자동 인라인

클래스의 멤버 함수는 클래스 내에서 직접 멤버 함수를 정의하여 사용하거나 멤버 함수의 원형만 클래스 내에 선언하고 스코프(scope) 연산자 ::를 사용하여 클래스 외부에서 멤버 함수를 정의할 수 있다.

✒ 형식(클래스 외부에서의 멤버 함수 정의)

함수형 클래스명::멤버함수명(가인수형과 가인수의 리스트)
{
　함수 본체
}

보통 멤버 함수의 정의가 짧은 경우에는 클래스 내에 직접 멤버 함수를 정의하게 되는데, 멤버 함수를 클래스 내에 정의하면 이것은 자동적으로 인라인 함수가 된다. 클래스 내에 멤버 함수를 정의하는 경우 예약어 inline을 사용할 필요는 없다(예약어 inline을 사용해도 오류는 발생하지 않는다). 클래스 내부에 빠르게 작동해야 하는 멤버 함수를 많이 써야 하거나 멤버 함수 정의 부분의 코드가 길어져서 클래스 전체가 보기 어려워질 경우에는 멤버 함수를 외부에서 정의한다.

[예시 7-6] 클래스 멤버 함수

```
class CName {
  public:
    void func1() { ... }        // 클래스 내부에 멤버 함수를 정의//자동 인라인
    int func2();                // 클래스 내부에 멤버 함수의 원형 선언
};
int CName::func2() { :: }       // 클래스 외부에 멤버 함수를 정의

void main()                     // main 함수
{
  CName name;                   // CName의 객체 name 생성
  name.func1();                 // 멤버 함수 func1()을 호출
  name.func2();                 // 멤버 함수 func2()을 호출
}
```

예제 프로그램 7-1

```
#include <iostream>
using namespace std;
class child {
  private:
    char *name;
    int age;
    int height;
  public:
    void sub();
};
void child::sub()
{
  name="Hong";
  age=6;
  height=125;
  cout<<"name="<<name<<endl;
  cout<<"age="<<age<<endl;
  cout<<"height="<<height<<endl;
}

int main()
{
  child x;
  x.sub();
  return 0;
}
```

전용 데이터 멤버,
멤버 함수 sub()에서만 참조 가능

//공용 멤버 함수 sub()의 원형 선언

//공용 멤버 함수 sub()의 정의
↳ sub()는 child형 클래스의 멤버 함수이고 함수형은 void임

//클래스 변수(객체) x 선언
//멤버 함수의 호출

↗ **실행 결과**

```
name=Hong
age=6
height=125
```

◤ 해설

- 데이터 멤버 name, age, height는 전용(private) 멤버로 지정되었기 때문에 클래스 외부에서 참조가 불가능하다. 즉, main() 함수에서 x.name, x.age, x.height의 형태로 데이터 멤버들을 참조할 수 없으며(x는 클래스 변수), 이들 데이터 멤버들은 오직 멤버 함수 sub()에서만 직접 참조할 수 있다.
- 멤버 함수 sub()는 공용(public) 멤버로 지정되었기 때문에 클래스 외부에서 참조할 수 있다. 즉, main() 함수에서 x.sub();의 형태로 클래스의 멤버 함수 sub()를 호출하여 사용할 수 있다. 이때 공용 멤버로 지정된 멤버 함수 sub()는 클래스 외부와 정보를 서로 주고받는 통로 역할을 해준다.

예제 프로그램 7-2

```
#include 〈iostream〉
using namespace std;
class child {
  private:
    char *name;
    int age;                    전용 데이터 멤버
    int height;
  public:
    void sub(char *n, int a, int h);      //공용 멤버 함수의 원형 선언
};
void child::sub(char *n, int a, int h)    //공용 멤버 함수의 정의
{
  name=n;
  age=a;
  height=h;
  cout〈〈"name="〈〈name〈〈endl;
  cout〈〈"age="〈〈age〈〈endl;
  cout〈〈"height="〈〈height〈〈endl;
}

int main()
{
```

```
        child x;                              //클래스 변수(객체) x 선언
        x.sub("Hong", 6, 125);                //멤버 함수의 호출, 인수를 사용
        return 0;
    }
```

```
name=Hong
age=6
height=125
```

↗ 해설

• 멤버 함수 sub()에 인수가 있는 것을 제외하고는 프로그램 7-1과 동일하다. 멤버 함수를 호출할 때
  인수가 전달되며, 클래스 데이터 멤버들의 값을 초기화하고 있다.

예제 프로그램 7-3

```
#include <iostream>
using namespace std;
  class data {
    private:
      int i, j;
    public:
      void input(int a, int b) { i=a;  j=b; }                    //자동 인라인
      void output() { cout<<"i="<<i<<", j="<<j<<endl; }          //자동 인라인
};

int main()
{
  data x;
  x.input(50, 100);
  x.output();
  return 0;
}
```

✔ 해설

- 멤버 함수 input()와 output()를 클래스 내에 정의하여 인라인화하였다(예약어 inline은 생략).
- 두 멤버 함수의 본체를 1행으로 정의하였는데, C++에서는 함수를 클래스 내에 정의하는 경우 이러한 코딩 형식을 자주 사용한다.
- output() 함수는 클래스 내에 정의되어 있지만 입출력 연산자〉〉와〈〈를 실행시키는 것이 CPU/메모리를 조작하는 것보다 더 시간이 소요되므로 실제로는 자동 인라인화 기능의 효과는 없다.
- 클래스 내에서 정의된 멤버 함수가 인라인화 될 수 없는 경우(인라인 함수로 사용될 수 있는 조건을 만족하지 못하는 경우)에는 이것은 자동적으로 일반 함수로 컴파일된다.

7.2 클래스 변수의 초기화

앞절의 프로그램 7.2와 프로그램 7.3에서는 멤버 함수를 호출할 때 인수를 사용하여 데이터 멤버들의 값을 초기화하였다. 이처럼 클래스 변수를 선언하면서 클래스 데이터 멤버에 기억될 데이터 값을 초기화시키는 방법에는 클래스 멤버 함수에 인수를 사용하여 초기화시키는 방법을 이용할 수 있으며 또한, 사용자가 키보드로부터 직접 데이터를 입력해서 초기화시킬 수 있다.

예제 프로그램 7-4

```cpp
#include <iostream>
using namespace std;
class score {
  private:                                    //데이터 멤버들을 전용 멤버로 지정
    char *name;
    int kor;
    int eng;
    double ave;
  public:                                     //멤버 함수들을 공용 멤버로 지정
    void sub(char *n, int k, int e);
    void sum_ave();
    void output();
};
void score::sub(char *n, int k, int e)        //멤버 함수 sub()의 정의
{
  name=n;
  kor=k;
  eng=e;
}
 void score::sum_ave()                        //멤버 함수 sum_ave()의 정의
{
  ave=double(kor+eng)/2.0;
}
```

```
void score::output()                              //멤버 함수 output()의 정의
{
  cout <<"name=" <<name <<endl;
  cout <<"kor=" <<kor <<endl;
  cout <<"eng=" <<eng <<endl;
  cout <<"ave=" <<ave <<endl;
}

int main()
{
  score x;
  x.sub("Hong", 90, 95);                          //클래스 전용 데이터 멤버의 초기화
  x.sum_ave();
  x.output();
  return 0;
}
```


↗ 실행 결과	name=Hong kor=90 eng=95 ave=92.5

↗ 해설

- 클래스의 데이터 멤버가 전용(private)으로 지정되었기 때문에 main() 함수 내에서 도트 연산자를 이용하여 이들 데이터 멤버에 직접 값을 대입할 수 없다. 이들 데이터 멤버들은 오직 멤버 함수에서만 참조할 수 있다.
- 멤버 함수 sub(), sum_ave(), output()는 공용(public)으로 지정되었기 때문에 main() 함수에서도 참조할 수 있다.
- 전용 멤버인 데이터 멤버들을 초기화시키기 위해 main() 함수에서 x.sub();의 형태로 인수를 사용하여 직접 초기값들을 멤버 함수 sub()에 전달함으로써 데이터 멤버에 값을 대입시키고 있다.

```
#include <iostream>
using namespace std;
class score {
  private:                                //데이터 멤버들을 전용 멤버로 지정
    char name[10];
    int kor;
    int eng;
    double ave;
  public:                                 //멤버 함수들을 공용 멤버로 지정
    void input();
    void sum_ave();
    void output();
};
void score::input()                       //멤버 함수 input()의 정의
{                                         //키보드로부터 데이터 입력
  cout<<"name? ";
  cin>>name;
  cout<<"kor? ";
  cin>>kor;
  cout<<"eng? ";
  cin>>eng;
}
void score::sum_ave()                     //멤버 함수 sum_ave()의 정의
{
  ave=double(kor+eng)/2.0;
}
void score::output()                      //멤버 함수 output()의 정의
{
  cout<<"name="<<name<<endl;
  cout<<"kor="<<kor<<endl;
  cout<<"eng="<<eng<<endl;
  cout<<"ave="<<ave<<endl;
}
```

```
int main()
{
    score x;
    x.input();
    x.sum_ave();
    x.output();
    return 0;
}
```

name? Hong [Enter↵]

kor? 90 [Enter↵]

eng? 95 [Enter↵]

name=Hong

kor=90

eng=95

ave=92.5

↗ 해설

• 공용 멤버인 멤버 함수 input()는 키보드로부터 데이터 멤버들의 값을 입력하는 기능을 수행한다.
input() 함수는 공용 멤버이므로 main() 함수에서 참조할 수 있다.

7.3 멤버 함수로부터의 반환

클래스 내부에서 공용 멤버로 지정된 멤버 함수에 의해 처리된 결과를 return문을 이용해서 클래스 외부의 호출 측에 반환할 수 있다.

예제 프로그램 7-6

```
#include <iostream>
using namespace std;
class score {
  private:                          //데이터 멤버들을 전용 멤버로 지정
    char name[10];
    int kor;
    int eng;
    double ave;
  public:                           //멤버 함수들을 공용 멤버로 지정
    void input();
    void sum_ave();
    double output_return();
};
void score::input()                 //멤버 함수 input()의 정의
{                                   //키보드로부터 데이터 입력
  cout<<"name? ";
  cin>>name;
  cout<<"kor? ";
  cin>>kor;
  cout<<"eng? ";
  cin>>eng;
}
void score::sum_ave()               //멤버 함수 sum_ave()의 정의
{
  ave=double(kor+eng)/2.0;
}
double score::output_return()       //멤버 함수 output_return()의 정의
```

```
    {
        return ave;                              //전용 멤버 ave의 값을 호출 측에 반환
    }

    int main()
    {
        score x;
        x.input();
        x.sum_ave();        ┌ 함수 호출
        cout<<"ave="<<x.output_return()<<endl;   //데이터 멤버 ave의 값을 출력
        return 0;
    }
```

↗ 실행 결과	name? Hong [Enter↵] kor? 90 [Enter↵] eng? 95 [Enter↵] ave=92.5

↗ 해설

- 클래스 내부에서 공용 멤버로 지정된 멤버 함수 output_return()은 전용 데이터 멤버 ave의 값을
  main() 함수 내의 호출 측에 되돌려 준다.

7.4 멤버 함수의 디폴트 값 인수와 오버로드

7.4.1 멤버 함수의 디폴트 값 인수

C++에서는 함수의 인수를 디폴트(default) 값으로 지정하여 사용할 수 있기 때문에 멤버 함수 역시 인수들을 디폴트 값으로 지정할 수 있다.

[예시 7-7] 멤버 함수의 디폴트 값 인수

```
class CName {
  public:
    void func1(int number) {
      cout << number << endl;
    }
    void func2(int number=1) {                          ← 인수를 디폴트 값으로 지정
      cout << number << endl;
    }
    void func3(int number1, int number2=1) {            ← 인수 number2를 디폴트 값으
      cout << number1 << ", " << number2 << endl;           로 지정
    }
    void func4(int number1=1, int number2=1) {          ← 인수 number1과 number2를
      cout << number1 << ", " << number2 << endl;           디폴트 값으로 지정
    }
};
```

[예시 7-7]에서 func3() 함수는 두 번째 인수 number2가 디폴트 값으로 지정되어 있다. 인수를 디폴트 값으로 지정하는 경우에 뒤에서부터 순서대로 함수의 인수에 디폴트 값을 할당해야 한다. 다음과 같이 func5() 함수의 인수를 디폴트 값으로 지정하면 오류가 발생한다.

```
void func5(int number1 = 3, int number2) { ... }
```

다음의 [예시 7-8]는 main() 함수에서 [예시 7-7]의 멤버 함수들을 호출하면 어떤 결과가 초래되는지 보여준다.

[예시 7-8] 예시 7-7의 멤버 함수들의 실행 결과

```
void main () {
  CName pname;

  pname.func1(10);        // 10 출력
  pname.func2(10);        // 10 출력
  pname.func2();          // 1 출력
  pname.func3(10, 10);    // 10, 10 출력
  pname.func3(10);        // 10, 1 출력
  pname.func4();          // 1, 1 출력
}
```

7.4.2 멤버 함수의 오버로드

C++에서는 함수의 오버로드(overload)를 제공하기 때문에 멤버 함수 역시 오버로드 할 수 있다. 멤버 함수의 오버로드는 클래스 내부에 멤버 함수를 정의할 때 인수를 다르게 하여 같은 이름의 멤버 함수를 구분하도록 한다. 멤버 함수를 호출하여 컴파일할 때 각각의 인수를 구별하여 컴파일러가 해당 멤버 함수를 연결시켜 준다.

[예시 7-9] 멤버 함수의 오버로드 예

```
class CName {
public:
  void func(char number) { ... };
  void func(int number) { ... };
  void func(long number) { ... };
  void func(char number1, char number2) { ... };
};
```

[예시 7-9]에서 func() 함수 4가지는 이름이 같지만 각기 다른 멤버 함수이다. 멤버 함수의 오버로드를 사용하는 경우에는 멤버 함수의 디폴트 값 인수에 주의해야 한다. 멤버 함수의 오버로드를 사용하는 경우 인수가 디폴트 값으로 지정된 멤버 함수가 있으면 디폴트 값 인수를 제외한 부분이 중복되는 것이 있는지 살펴보아야 한다.

[예시 7-10] 오버로드의 잘못된 사용 예

```
class CName {
public:
  void func(int number) { ... };
  int  func(int number1, char number2 = 1) { ... };
  void func(int number1, long number2 = 1) { ... };
};

  void main ()
  {
    CName name;
    name.func(1);                              //함수 func( ) 호출
  }
```

[예시 7-10]의 경우에는 디폴트 값 인수(number 2)를 제외하면 나머지 인수들의 데이터 형이 중복된다. 프로그램의 실행 시 컴파일러는 "func() 함수는 위 3가지 멤버 함수 중 어떤 것을 호출하여야 하는가?"라는 문제점이 생긴다. 이처럼 되지 않도록 오버로드 사용은 주의하여야 한다.

```cpp
#include <iostream>
using namespace std;
class CName {
  public:
    void func1(int number) {
       cout<<number<<endl;
    }
    void func2(int number=1) {                    //디폴트 값 인수
       cout<<number<<endl;
    }
    void func3(int number1, int number2=1) {      //인수 number2가 디폴트
       cout<<number1<<", "<<number2<<endl;
    }
    void func4(int number1=1, int number2=1) {    //디폴트 값 인수
       cout<<number1<<", "<<number2<<endl;
    }
};

int main()
{
  CName pname;
  cout<<"func1(10)=";
  pname.func1(10);
  cout<<"func2(10)=";
  pname.func2(10);
  cout<<"func2()=";
  pname.func2();
  cout<<"func3(10, 10)=";
  pname.func3(10, 10);
  cout<<"func3(10)=";
  pname.func3(10);
  cout<<"func4()=";
  pname.func4();
```

```
        return 0;
    }
```

↗ 실행 결과

```
func1(10)=10
func2(10)=10
func2()=1
func3(10, 10)=10, 10
func3(10)=10, 1
func4()=1, 1
```

↗ 해설

- 클래스 내부에 있는 멤버 함수들의 인수를 디폴트 값으로 지정할 수 있다.

7.5 클래스 배열과 포인터

7.5.1 클래스 배열

일반 변수처럼 클래스 변수(객체)도 배열로 선언할 수 있다. 클래스 배열을 선언하고 사용하는 방법은 일반 배열의 경우와 동일하다. 따라서 클래스 배열을 사용하기 위해서는 클래스 변수 대신에 클래스 배열명과 첨자를 이용하면 된다.

↗ 형식(클래스 배열의 선언)

클래스명 클래스 배열명[첨자];

```
#include <iostream>
using namespace std;
class myclass {
  private:
    int a, b;
  public:
    void set(int i, int j) { a=i; b=j; }
    int sum_return() { return a+b; }
};

int main()
{
  myclass ob[3];                        //클래스 배열의 선언
  int n;
  for(n=0; n<3; n++)
    ob[n].set(n, n+2);                  //멤버 함수 호출
  for(n=0; n<3; n++)
    cout<<ob[n].sum_return()<<endl;
              ↖멤버 함수 호출
  return 0;
}
```

↗ 실행 결과

```
2
4
6
```

↗ 해설

- 위 프로그램은 myclass형의 객체 요소가 3개(ob[0], ob[1], ob[2])인 배열을 작성하고, 각 요소의 데이터 멤버 a와 b에 값을 대입한다. 각 객체 배열 요소의 멤버 함수를 호출하는 경우에는 객체 배열명에 각 요소의 첨자를 지정하고 호출할 멤버 함수 앞에 도트 연산자를 이용한다.
- 각 객체 배열요소의 멤버함수를 호출하는 과정에서 객체의 데이터 멤버들은 ob[0].set(0, 2) → a=0, b=2, ob[1].set(1, 3) → a=1, b=3, ob[2].set(2, 4) → a=2, b=4와 같이 초기화 된다.

7.5.2 클래스 포인터

일반 변수처럼 클래스 변수를 포인터 형태로 선언할 수 있다. 클래스 포인터를 이용하여 특정 객체의 멤버들을 참조하기 위해서는 도트 연산자 대신에 화살표 연산자(arrow operator) ->를 사용한다. 화살표 연산자는 마이너스 기호(-)와 부등호 기호(>)로 구성된다. 클래스 포인터 변수는 클래스 변수나 클래스 배열에 할당된 메모리 영역의 시작 주소를 대입하여 초기화한다.

↗ 형식(클래스 포인터 변수의 선언)

클래스명 *클래스 포인터 변수명;

↗ 형식(클래스 포인터 변수에 의한 멤버 참조)

클래스 포인터 변수명-〉클래스 멤버명;

[예시 7-11] 클래스 포인터 변수 선언 및 초기화, 멤버 참조의 예

```
class child {                    → 클래스 child의 정의
  private:
    char name[10];
    int age;
    int height;
  public:
    void output();
};


child ob, *p;                   → 클래스 child형의 변수 ob와 포인터 변수 p를 선언
p=&ob;                          → 클래스 포인터 변수 p의 초기화
ob.output();
p-〉output();                    → 클래스 포인터 변수 p에 의한 멤버 참조는 -〉를 사용
```

예제 프로그램 7-9

```cpp
#include <iostream>
#include <cstring>                        //문자열 처리 헤더 파일
using namespace std;
  class child {
    private:
      char name[10];
      int age;
      int height;
    public:
      void set(char *n, int a, int h);
      void output();
};
void child::set(char *n, int a, int h)
{
  strcpy(name, n);                        //문자열의 복사
  age=a;
  height=h;
}
void child::output()
{
  cout<<"name="<<name<<""<<"age="<<age<<" "<<"height="<<height<<endl;
}
  int main()
{
  child ob, *p;                           //클래스 변수, 클래스 포인터 선언
  p=&ob;                                  //클래스 포인터의 초기화
  ob.set("Hong", 15, 168);
  cout<<"ob.output() : ";
  ob.output();                            //클래스 변수에 의한 멤버 함수 참조
  cout<<"p->output() : ";
  p->output();                            //클래스 포인터에 의한 멤버 함수 참조
  return 0;
}
```

✒ 해설

- 클래스 포인터 변수 p에 클래스 변수(객체) ob의 시작 주소(&ob)가 대입된다. 클래스 포인터 변수 p를 이용해서 클래스 변수 ob의 각 멤버를 참조하는 경우 화살표 연산자 -〉를 이용한다.
- strcpy(str1, str2)는 문자열 str1에 문자열 str2를 복사하는 문자열 처리 함수이며 함수의 원형은 헤더 파일 cstring에 선언되어 있다(인수 str1과 str2는 char형 배열이나 char형 포인터 또는 문자열 상수를 의미함).
- strcpy(name, n);는 포인터 n이 가리키는 문자열 Hong을 데이터 멤버인 배열 name에 복사한다.

예제 프로그램 7-10

```
#include 〈iostream〉
#include 〈cstring〉              //문자열 처리 헤더 파일
using namespace std;
  class child {
    private:
      char name[10];
      int age;
      int height;
    public:
      void set(char *n, int a, int h);
      void output();
};
void child::set(char *n, int a, int h)
{
  strcpy(name, n);              //문자열의 복사
   age=a;
   height=h;
}
```

```
void child::output()
{
  cout<<"name="<<name<<" "<<"age="<<age<<" "<<"height="<<height<<endl;
}

int main()
{
  child ob[3], *p;                    //클래스 배열, 클래스 포인터 선언
  int i;
  p=ob;                               //클래스 포인터의 초기화
  ob[0].set("Hong", 6, 120);
  ob[1].set("Kim", 8, 125);
  ob[2].set("Lee", 10, 130);
  for(i=0; i<3; i++)
    (p+i)->output();                  //클래스 포인터에 의한 멤버 함수 참조
  return 0;
}
```

↗ 실행 결과	name=Hong age=6 height=120
	name=Kim age=8 height=125
	name=Lee age=10 height=130

↗ 해설

• 클래스 포인터 변수 p에는 클래스 배열 ob에 할당된 메모리 영역의 시작 주소가 대입된다.

7.6 this 포인터

멤버 함수 내에서 클래스의 데이터 멤버들을 참조하는 경우에 직접 참조가 가능하기 때문에 객체명을 지정하거나 도트 연산자를 사용할 필요가 없었다. 멤버 함수는 특정 객체에 대해 호출되기 때문에 컴파일러는 어떤 객체의 데이터 멤버를 참조해야 하는지를 판단할 수 있기 때문이다.

[예시 7-12] 데이터 멤버의 직접 참조 예

```
#include <iostream>
using namespace std;
class data {
  private:
    int i, j;
  public:
    void input(int a, int b) { i=a;  j=b; }
    void output() { cout<<"i="<<i<<", j="<<j<<endl; }
};

int main()
{
  data x, y;
  x.input(50, 100);        ← 객체 x의 멤버 함수 input()를 호출
  y.input(10, 30);         ← 객체 y의 멤버 함수 input()를 호출
  x.output();
  y.output();
  return 0;
}
```

↗ 실행 결과	i=50, j=100 i=10, j=30

[예시 7-12]에서 멤버 함수 input()와 output() 내에서는 데이터 멤버 i와 j를 직접 참조할 수 있다. 이와 같은 내부 과정을 좀 더 구체적으로 설명하기 위해서는 this라고 하는 특별한 포인터에 대한 이해가 필요하다. this는 C++에서 새로이 정의된 예약어로서 멤버 함수가 호출될 때 그 멤버 함수를 호출한 객체의 시작 주소를 가리키는 포인터이다.

멤버 함수를 호출하면 그 멤버 함수를 호출한 객체의 시작 주소를 가리키는 포인터 this가 자동적으로 해당 멤비 함수에 전달된다. 따라서 [예시 7-12]의 멤버 함수 input()와 output()는 this를 사용하여 다음과 같이 수정할 수 있다.

```
void input(int a, int b) { this->i=a;  this->j=b; }
void output() { cout<<"i="<<this->i<<", j="<<this->j<<endl; }
```

만일, 이들 멤버 함수들이 x.input(50, 100);와 x.output();처럼 객체 x에 의해 호출되면 this는 객체 x를 가리킨다. 실제로 input() 함수 내에서 문장 i=a;와 문장 this->i=a;는 동일한 의미를 나타낸다. 그러나 지금까지 멤버 함수 내에서 클래스의 데이터 멤버들을 참조하는 경우에 this 포인터를 사용하지 않았는데, 이것은 문장 i=a;는 문장 this->i=a;의 생략형으로 보다 간단하기 때문이다.

this 포인터는 클래스의 멤버 함수에만 전달되기 때문에 제8장에서 다룰 프랜드 함수와 같이 클래스의 멤버 함수가 아니면 this 포인터가 전달되지 않는다. this 포인터는 연산자를 오버로드 하는 경우(제9장)에 매우 중요하게 사용된다.

7.7 객체의 대입

두 개의 객체 ob1과 ob2가 동일한 클래스형으로 선언된 경우 하나의 객체를 다른 객체에 대입할 수 있다. 예를 들어 객체 ob1을 객체 ob2에 대입하면 객체 ob1의 모든 데이터 멤버들이 비트 단위로 객체 ob2의 대응되는 멤버에 복사된다.

예제 프로그램 7-11

```cpp
#include <iostream>
using namespace std;
class myclass {
  private:
    int a, b;
  public:
    void set(int i, int j) { a=i;  b=j; }        //클래스 내부에 멤버 함수를 정의
    void output() {                              //클래스 내부에 멤버 함수를 정의
      cout<<"a="<<a<<"  "<<"b="<<b<<endl;
    }
};

int main()
{
  myclass ob1, ob2;
  ob1.set(10, 30);
  ob2=ob1;                                       //객체 대입
  ob1.output();
  ob2.output();
  return 0;
}
```

↗ **실행 결과**

```
a=10 b=30
a=10 b=30
```

해설

- main() 함수에서의 멤버 함수 호출문 ob1.output();에 의해 클래스의 데이터 멤버는 각각 a=10, b=30으로 초기화된다.
- 객체 ob1을 ob2에 대입하면 데이터 멤버 ob1.a의 값과 ob1.b의 값이 ob2.a와 ob2.b에 복사된다.

예제 프로그램 7-12

```
#include <iostream>
#include <cstring>                    //문자열 처리 헤더 파일
using namespace std;
class child {
  private:
    char name[10];
    int age;
    int height;
  public:
    void set(char *n, int a, int h);
    void output();
};
void child::set(char *n, int a, int h)
{
  strcpy(name, n);                    //문자열의 복사
  age=a;
  height=h;
}
void child::output()
{
  cout<<"name="<<name<<" "<<"age="<<age<<" "<<"height="<<height<<endl;
}
int main()
{
  child ob1, ob2;
  ob1.set("Hong", 15, 168);
```

```
    ob2=ob1;                                    //객체 대입
    cout<<"ob1.output() : ";
    ob1.output();
    cout<<"ob2.output() : ";
    ob2.output();
    return 0;
}
```

↗ **실행 결과**

ob1.output() : name=Hong, age=15, height=168

ob2.output() : name=Hong, age=15, height=168

↗ 해설

- 객체 ob1을 객체 ob2에 대입하면 객체 ob1의 모든 데이터 멤버가 객체 ob2에 복사된다.

7.8 함수에 객체 전달

함수를 호출하는 경우에 데이터를 인수로 피 호출 함수에 넘겨줄 수 있듯이 객체들을 피 호출 함수에 전달할 수 있다. 이때 실인수인 객체는 call by value(값에 의한 호출) 방식에 의해 피 호출 함수에 전달된다. 즉, 객체의 복사본을 스택이라는 임시 메모리 영역에 저장하여 가인수에 전달하기 때문에 함수의 호출이 늦어지게 된다. 함수의 인수로 구조체나 객체를 사용하는 경우에는 call by reference(참조에 의한 호출) 방식을 사용하면 인수 전달이 빨라져 함수의 호출 속도를 향상시킬 수 있다.

```
#include 〈iostream〉
using namespace std;
class myclass {
  private:
    int a;
  public:
    void set(int i) { a=i; }                        //클래스 내부에 멤버 함수를 정의
    int output_return() { return a; }               //클래스 내부에 멤버 함수를 정의
};
int sum(myclass ob);                                //일반 함수 sum()의 원형 선언

int main()
{
  myclass ob1, ob2;
  ob1.set(10);
  ob2.set(50);                    ┌ 함수 호출
  cout〈〈"sum(ob1) : "〈〈sum(ob1)〈〈endl;//객체 ob1을 실인수로 사용
  cout〈〈"sum(ob2) : "〈〈sum(ob2)〈〈endl;
                        ┌ 함수 호출
  return 0;
}
int sum(myclass ob)                                 //일반 함수 sum()의 정의
{
  return ob.output_return()+ob.output_return();
}
```

↗ 실행 결과

```
sum(ob1) : 20
sum(ob2) : 100
```

↗ 해설

- main() 함수에서 sum() 함수를 호출할 때 실인수인 객체 ob1과 ob2를 가인수인 객체 ob에 전달한다(call by value). 이때 실인수 객체 ob1과 ob2의 모든 멤버값이 가인수 객체 ob의 모든 멤버로 복사되어 처리된다.

```
#include <iostream>
using namespace std;
class myclass {
  private:
    int a;
  public:
    void set(int i) { a=i; }
    void re_set(int i) { a=i; }
    int output_return() { return a; }
};
void sum(myclass ob);                        //일반 함수 sum()의 원형 선언

int main()
{
  myclass ob1;
  ob1.set(10);
  sum(ob1);                                  //함수 호출(call by value)
  cout<<"ob1.a : "<<ob1.output_return()<<endl;
  return 0;
}

void sum(myclass ob)                         //일반 함수 sum()의 정의
{
  int x;
  x= ob.output_return()+ob.output_return();
  ob.re_set(x);
  cout<<"ob.a : "<<ob.output_return()<<endl;
}
```

✎ 실행 결과	ob.a : 20
	ob1.a : 10

해설

- main() 함수에서 sum() 함수를 호출할 때 실인수인 객체 ob1을 가인수인 객체 ob에 전달한다. 이 때 인수 전달 방식이 call by value(값에 의한 호출)이기 때문에 피 호출 함수의 실행 중에 가인수인 객체 ob의 데이터 멤버 값을 바꾸더라도 호출 측 실인수인 객체 ob1의 데이터 멤버에는 영향을 주지 않는다.

예제 프로그램 7-15

```cpp
#include <iostream>
using namespace std;
class myclass {
  private:
    int a;
  public:
    void set(int i) { a=i; }
    void re_set(int i) { a=i; }
    int output_return() { return a; }
};
void sum(myclass *ob);                    //일반 함수 sum()의 원형 선언

int main()
{
  myclass ob1;
  ob1.set(10);
  sum(&ob1);                              //함수 호출(call by reference)
  cout<<"ob1.a : "<<ob1.output_return()<<endl;
  return 0;
}

void sum(myclass *ob)                     //일반 함수 sum()의 정의
{
  int x;
  x=ob->output_return()+ob->output_return();
  ob->re_set(x);
  cout<<"ob.a : "<<ob->output_return()<<endl;
}
```

↗ 실행 결과	ob.a : 20
	ob1.a : 10

↗ 해설

- main() 함수에서 sum() 함수를 호출할 때 실인수인 객체 ob1의 시작 주소(&ob1)를 가인수인 객체 ob에 전달한다. 이때, 인수 전달 방식이 call by reference(참조에 의한 호출)이기 때문에 피 호출 함수의 실행 중에 호출 측의 실인수 객체 ob1의 데이터 멤버 값을 수정할 수 있다. 클래스 포인터 변수 ob를 이용해서 클래스 변수 ob1의 각 멤버를 참조하는 경우 화살표 연산자 →를 이용한다.
- 또한, 위 프로그램은 참조자를 가인수로 사용하여 call by reference 방식의 프로세스를 자동화할 수 있다. 이때 실인수 앞에 기호 &를 생략하고 가인수를 "myclass &ob"로 수정해야 하며 화살표 연산자(-〉)를 도트 연산자(.)로 수정해야 한다.

7.9 객체 반환

함수를 호출할 때 피 호출 함수에 객체를 전달할 수 있듯이 역으로 피 호출 함수는 객체를 함수의 호출 측에 반환할 수도 있다. 이때 호출 측에 객체를 반환하는 피 호출 함수의 데이터형을 해당 클래스형으로 지정해야 하며, return문을 사용해서 그 형의 객체를 호출 측에 반환한다.

예제 프로그램 7-16

```cpp
#include <iostream>
using namespace std;
class myclass {
  private:
    int a, b;
  public:
    void set(int i, int j) { a=i; b=j; }
    int sum_return() { return a+b; }
};
myclass input();                    //일반 함수 input()의 원형 선언

int main()
{
  myclass ob;
  ob=input();                       //일반 함수 input()의 호출//반환된 객체를 ob에 대입
  cout<<"ob.sum_return() : "<<ob.sum_return()<<endl;
  return 0;
}

myclass input()                     //일반 함수 input()의 정의
{
  int x, y;
  myclass temp;
  cout<<"x? y? ";
  cin>>x>>y;
```

```
        temp.set(x, y);
        return temp;                              //myclass형의 객체를 반환
}
```

↗ 해설

- main() 함수에서 myclass형 객체 ob가 생성되고 input() 함수를 호출한다.
- 정의된 input() 함수에서 myclass형 객체 temp를 생성하고 키보드로부터 x와 y의 값을 읽어들인다. 이들 데이터 값은 temp.set(x, y);에 의해 temp.a와 temp.b에 복사되고 객체 temp를 호출 측에 반환한다. 반환된 객체 temp는 main() 함수에서 ob에 대입된다. 이때 input() 함수의 데이터형은 반환되는 객체 temp의 클래스형인 myclass으로 지정해야 한다.

연습 문제(객관식)

1. 다음과 같은 클래스가 정의되었을 때 멤버들에 대한 참조로 옳은 것은?

```
class score {
 private:
   int kor;
   int eng;
 public:
   void output();
} man;
```

① man.kor;　　　　　　　　　② man->eng;

③ man.output();　　　　　　　④ man->output();

2. 문제 1의 멤버 함수를 정의한 것으로 옳은 것은?

　① void score output() { …}

　② void score::output() { …}

　③ score::void output() { …}

　④ score void output() { …}

3. 다음과 같은 클래스가 정의되었을 때 클래스 포인터 변수의 선언으로 옳은 것은?

```
class score {
private:
  int kor;
  int eng;
public:
  void output();
}
score x;
```

① score *y=&x;   ② score y=&x;

③ score *y=x;   ④ score y=x;

4. 문제 3의 클래스에 대한 멤버 참조 표현으로 옳은 것은?

① y.kor;   ② y->eng;

③ y.output();   ④ y->output();

5. 다음은 함수의 인수를 디폴트 값으로 지정한 것이다. 잘못된 것은?

① void func1(int x=1) { …}

② void func2(int x=1, int y=2) { …}

③ void func3(int x, int y=3) { …}

④ void func4(int x=3, int y) { …}

6. 메모리 영역을 점유하는 물리적인 존재로 클래스의 실례가 되는 것은?

① 포인터   ② 배열

③ 객체   ④ 구조체

7. 다음 설명 중 잘못된 것은?

① 멤버 함수를 클래스 내에 정의하면 이것은 자동적으로 인라인 함수가 된다.

② 두 개의 객체가 서로 다른 클래스형으로 선언된 경우 하나의 객체를 다른 객체에 대입할 수 있다.

③ 전용 멤버들은 해당 클래스의 멤버 함수만이 참조할 수 있다.

④ 멤버 함수에 의해 처리된 결과를 return문을 이용해서 클래스 외부의 호출 측에 반환할 수 있다.

7. 클래스 외부와 정보를 서로 주고받는 통로 역할을 해주는 것은?

① 멤버 함수   ② 데이터 멤버
③ 객체   ④ 구조체

클래스와 객체

연습 문제(주관식)

1. 멤버 함수를 호출할 때 자동적으로 멤버 함수에 전달되는 포인터는?

2. 함수의 인수로 구조체나 객체를 사용하는 경우에는 (   ) 방식을 사용하면 인수 전달이 빨라져 함수의 호출 속도를 향상시킬 수 있다. 괄호 안에 들어갈 말은 무엇인가?

3. 클래스 외부에서는 사용할 수 없고, 해당 클래스의 멤버 함수만이 참조할 수 있도록 멤버들을 지정하기 위한 예약어는?1

연습문제 정답

- -

객관식   1. ③   2. ②   3. ①   4. ④   5. ④   6. ③   7. ②   7. ①
주관식   1. this   2. call by reference   3. private

PART 08

생성자 · 소멸자 · 프렌드 함수

- 생성자 함수와 소멸자 함수의 기능과 사용법에 대해서 알아 본다.
- 함수에 객체를 참조자로 전달하는 경우의 이점에 대해서 알 아본다.
- 프렌드 함수의 개념과 사용 형식에 대해서 알아본다.

생성자 · 소멸자 · 프렌드 함수

8.1 생성자와 소멸자

생성자(constructor)와 소멸자(destructor)는 구조체에는 없는 것으로 클래스에서 생겨났다. 생성자는 클래스 변수(객체)가 선언될 때 자동으로 호출되어 데이터 멤버들을 초기화하는 멤버 함수이다. 소멸자는 프로그램이 종료되어 클래스 변수가 소멸될 때 자동으로 호출되어 클래스 변수를 메모리에서 제거하는 멤버 함수이다.

8.1.1 생성자

생성자 함수(constructor function)는 클래스 변수(객체)를 선언할 때 자동으로 호출되어 수행되는 멤버 함수로 클래스의 이름과 같은 이름을 가지며 공용(public) 멤버로 지정되어야 한다. 생성자 함수는 리턴 값이 없기 때문에 데이터형(함수형)이 void형이지만 이마저 생략하여 사용한다. 생성자 함수는 오버로드가 가능하고 인수를 전달할 수 있다.

제8장 8.2절에서 우리는 일반 함수를 클래스의 멤버 함수로 사용하여 데이터 멤버를 초기화시키는 방법에 대해서 알아보았다. 생성자 함수 역시 가장 일반적인 용도는 클래스의 데이터 멤버에 기억될 데이터 값을 초기화시키는 수단으로 사용되는 것이다. 그러나 생성자 함수는 클래스 변수가 선언됨과 동시에 자동적으로 데이터 멤버들의 값을 초기화시키기 때문에 일반 멤버 함수를 사용하는 것보다 편리하다.

```cpp
#include <iostream>
using namespace std;
class score {
  private:
    char name[10];
    int kor;
    int eng;
    double ave;
  public:
    score();                        //생성자 함수의 선언//void 생략
    void sum_ave();                 //일반 멤버 함수의 선언
    void output();                  //일반 멤버 함수의 선언
};
score::score()                      //생성자 함수의 정의//인수가 없는 경우
{
  cout << "name? ";
  cin >> name;
  cout << "kor? ";
  cin >> kor;
  cout << "eng? ";
  cin >> eng;
}
void score::sum_ave()
{
  ave=double(kor+eng)/2.0;
}
void score::output()
{
  cout << "name=" << name << endl;
  cout << "kor=" << kor << endl;
  cout << "eng=" << eng << endl;
  cout << "ave=" << ave << endl;
}
```

```
int main()
{
    score x;                            //객체 생성//자동적으로 생성자 함수 호출
    x.sum_ave();
    x.output();
    return 0;
}
```

✒ 실행 결과

```
name? Hong [Enter↵]
kor? 90 [Enter↵]
eng? 95 [Enter↵]
name=Hong
kor=90
eng=95
ave=92.5
```

✒ 해설

- 생성자 함수 score()를 이용하여 클래스의 데이터 멤버들을 초기화하였다. 일반 함수를 클래스의 멤버 함수로 이용하여 데이터 멤버들을 초기화한 제7장 7.2절의 프로그램 7-4와 동일하다.
- 클래스 내부에서 생성자 함수 score()를 선언하는 경우에 앞에 void를 적으면 오류가 발생한다. 생성자 함수의 정의 score::score() 는 void score::score()와 동일하다.
- 일반 멤버 함수를 이용하여 데이터 멤버를 초기화하는 경우에는 먼저 클래스 변수(객체)를 선언하고 해당 멤버 함수를 호출하여야만 멤버 함수가 수행돼 데이터 멤버들을 초기화시킬 수 있다.
- 그러나 생성자 함수를 이용하는 경우에는 클래스 변수가 생성될 때 생성자 함수가 자동으로 호출돼 수행되기 때문에 main() 함수에서 score();와 같이 별도로 생성자 함수를 호출하기 위한 문장을 작성할 필요가 없다.

```
#include <iostream>
using namespace std;
class score {
  private:
    char *name;
    int kor;
    int eng;
    double ave;
  public:
    score(char *n, int k, int e);          //생성자 함수의 선언
    void sum_ave();
    void output();
};
score::score(char *n, int k, int e)        //생성자 함수의 정의//인수가 있는 경우
{
  name=n;
  kor=k;
  eng=e;
}
void score::sum_ave()
{
  ave=double(kor+eng)/2.0;
}
void score::output()
{
  cout<<"name="<<name<<endl;
  cout<<"kor="<<kor<<endl;
  cout<<"eng="<<eng<<endl;
  cout<<"ave="<<ave<<endl;
}

int main()
{
```

```
    score x("Hong", 90, 95);          //객체 x 생성//생성자 함수에 인수 전달
    score y("Lee", 70, 80);           //객체 y 생성//생성자 함수에 인수 전달
    x.sum_ave();
    x.output();
    y.sum_ave();
    y.output();
    return 0;
}
```

↗ 실행 결과

```
name=Hong
kor=90
eng=95
ave=92.5
name=Lee
kor=70
eng=80
ave=75
```

↗ 해설

- 클래스 변수(객체)를 선언할 때 마치 함수를 호출하듯 괄호 안에 데이터 멤버들의 초기값을 지정할 수 있는데, 이때 이들 초기값이 생성자 함수에 인수로 전달된다.
- score x("Hong", 90, 95);에서 객체 x가 선언되었기 때문에 생성자 함수 score()가 자동으로 호출되고, 이때 객체 x를 선언할 때 괄호 안에 나열한 데이터들이 생성자 함수에 인수로 전달된다.

```
#include <iostream>
using namespace std;
class score {
  private:
    char *name;
    int kor;
    int eng;
    double ave;
  public:
    score(char *n, int k, int e);          } 생성자 함수의 오버로드
    score(char *n, int k);
    void sum_ave();
    void output();
};
score::score(char *n, int k, int e)        //첫 번째 생성자 함수의 정의
{
  name=n;
  kor=k;
  eng=e;
}
score::score(char *n, int k)               //두 번째 생성자 함수의 정의
{
  name=n;
  kor=k;
  cout<<name<<"의 영어점수? ";
  cin>>eng;                                //키보드로 영어 점수 입력
}
void score::sum_ave()
{
  ave=double(kor+eng)/2.0;
}

void score::output()
```

```
{
    cout<<"name="<<name<<endl;
    cout<<"kor="<<kor<<endl;
    cout<<"eng="<<eng<<endl;
    cout<<"ave="<<ave<<endl;
}
int main()
{
    score x("Hong", 90, 95);        //객체 x 생성//첫 번째 생성자 함수 호출
    score y("Kim", 85);             //객체 y 생성//두 번째 생성자 함수 호출
    x.sum_ave();
    x.output();
    y.sum_ave();
    y.output();
    return 0;
}
```

↗ 실행 결과

```
Kim의 영어 점수? 90 [Enter↵]
name=Hong
kor=90
eng=95
ave=92.5
name=Kim
kor=85
eng=90
ave=87.5
```

↗ 해설

• C++에서 인수가 서로 다를 경우 함수의 오버로드가 가능한 것처럼 생성자 함수 역시 오버로드
  할 수 있다.

8.1.2 생성자를 이용한 클래스 배열의 초기화

클래스 내부에 인수를 가진 생성자 함수가 포함되어 있는 경우 클래스 변수와 마찬가지로 클래스 배열을 생성자 함수를 이용해서 초기화할 수 있다. 클래스 배열을 초기화하는 형식은 생성자 함수에 전달되는 인수의 개수에 따라 두 가지 형식으로 구분된다.

생성자 함수에 전달되는 인수가 한 개인 경우에는 일반 배열의 초기화처럼 중괄호 안에 각 클래스 배열 요소의 데이터 멤버에 기억시킬 데이터 값을 차례대로 열거하고 데이터 값 사이는 콤마(,)로 구분하면 된다. 클래스 배열의 각 요소가 생성될 때 이들 데이터 값이 생성자 함수에 순서대로 전달된다.

생성자 함수에 전달되는 인수가 두 개 이상인 경우에는 중괄호 안에서 생성자 함수를 직접 호출하여 클래스 배열의 각 요소를 초기화한다.

예제 프로그램 8-4

```
#include <iostream>
using namespace std;
class myclass {
  private:
    int a;
  public:
    myclass(int i) { a=i; }                //인수가 한 개인 생성자 함수
    int output_return() { return a; }      //일반 멤버 함수
};

int main()
{
  myclass ob[3]={10, 20, 30};              //클래스 배열의 초기화
  int n;
  for(n=0; n<3; n++)
    cout<<ob[n].output_return()<<", ";
  cout<<endl;
  return 0;
}
```

↗ 해설

- 클래스 배열은 myclass ob[3]={myclass(10), myclass(20), myclass(30)};와 같이 중괄호 안에서 생성자 함수를 직접 호출하여 각 클래스 배열 요소(ob[0], ob[1], ob[2])의 데이터 멤버를 초기화 하지만(긴 형식), 생성자 함수에 전달되는 인수가 한 개인 경우에는 myclass ob[3]={10, 20, 30}; 와 같이 각 클래스 배열 요소의 데이터 멤버에 기억시킬 데이터 값을 차례대로 열거할 수 있다 (간략화 형식).

- 생성자 함수 myclass()와 일반 멤버 함수 output_return()를 클래스 내에서 정의하여 인라인화하 였다(PART 7 7.1.3절의 "클래스 멤버 함수와 자동 인라인" 참조). 일반적으로 클래스 내에서 인라인으로 전개되는 멤버 함수의 주 대상은 생성자 함수와 소멸자 함수이다.

```
#include <iostream>
using namespace std;
class myclass {
  private:
    int a;
  public:
    myclass(int i) { a=i; }                    //인수가 한 개인 생성자 함수
    int output_return() { return a; }
};

int main()
{
  myclass ob[3][2]={                           //클래스 배열의 초기화
    10, 20,
    30, 40,
    50, 60
  };
  int n, k;
  for(n=0; n<3; n++)
    for(k=0; k<2; k++)
      cout << ob[n][k].output_return() << " ";
  cout << endl;
  return 0;
}
```

➤ **실행 결과**

> 10 20 30 40 50

➤ **해설**

• 위 프로그램은 한 개의 인수를 갖고 있는 생성자 함수를 이용해서 클래스의 다차원 배열을 초기화하는 프로그램이다.

```
#include <iostream>
using namespace std;
class myclass {
  private:
    int a, b;
  public:
    myclass(int i, int j) { a=i; b=j; }          //인수가 두 개인 생성자 함수
    int output_return1() { return a; }
    int output_return2() { return b; }
};

int main()
{
  myclass ob[3]={                                //클래스 배열의 초기화
    myclass(10, 20),
    myclass(30, 40),
    myclass(50, 60)
  };
  int n;
  for(n=0; n<3; n++) {
    cout<<ob[n].output_return1()<<", ";
    cout<<ob[n].output_return2()<<endl;
  }
  return 0;
}
```

↗ 실행 결과	10, 20
	30, 40
	50, 60

↗ 해설

• 두 개 이상의 인수를 갖고 있는 생성자 함수를 이용해서 클래스 배열을 초기화하려면 중괄호 안에서 생성자 함수를 직접 호출하여 클래스 배열의 각 요소를 초기화한다.

예제 프로그램 8-7

```cpp
#include <iostream>
using namespace std;
class myclass {
  private:
    int a, b;
  public:
    myclass(int i, int j) { a=i; b=j; }       //인수가 두 개인 생성자 함수
    int output_return1() { return a; }
    int output_return2() { return b; }
};

int main()
{
  myclass ob[3][2]={                           //클래스 배열의 초기화
    myclass(10, 20), myclass(30, 40),
    myclass(50, 60), myclass(70, 80),
    myclass(90, 100), myclass(110, 120)
  };
  int n, k;
  for(n=0; n<3; n++)
   for(k=0; k<2; k++) {
    cout<<ob[n][k].output_return1()<<", ";
    cout<<ob[n][k].output_return2()<<endl;
   }
  return 0;
}
```

↗ 실행 결과

```
10, 20
30, 40
50, 60
70, 80
90, 100
110, 120
```

> • 위 프로그램은 두 개의 인수를 갖고 있는 생성자 함수를 이용해서 클래스의 다차원 배열을 초기
> 화하는 프로그램이다. 중괄호 안에서 생성자 함수를 직접 호출하여 클래스 배열의 각 요소를 초
> 기화한다.

8.1.3 생성자와 클래스 포인터

7.5.2절에서 클래스 변수를 포인터 형태로 선언하는 방법에 대해서 학습하였다. 여기에
서는 클래스 내부에 생성자 함수가 포함되어 있는 경우에 대하여 클래스 포인터를 다루어
보겠다.

예제 프로그램 8-8

```cpp
#include <iostream>
using namespace std;
class myclass {
  private:
    int a;
  public:
    myclass(int i) { a=i; }
    int output_return() { return a; }
};

int main()
{
  myclass ob(100), *p;
  p=&ob;                              //클래스 포인터의 초기화
  cout<<"p->output_return() : "<<p->output_return()<<endl;
  return 0;
}
```

↗ 해설

- 객체 ob가 생성되면 자동적으로 생성자 함수가 호출되어 수행된다.
- 클래스 포인터 변수 p에 객체 ob의 시작 주소(&ob)가 대입된다.
- p-〉output_return()=ob.output_return()

예제 프로그램 8-9

```
#include 〈iostream〉
using namespace std;
class myclass {
  private:
    int a;
  public:
    myclass(int i) { a=i; }              //인수가 한 개인 생성자 함수
    int output_return() { return a; }
};

int main()
{
  myclass ob[3]={10, 20, 30};           //클래스 배열의 초기화
  int n;
  myclass *p;
  p=ob;                                 //클래스 포인터의 초기화
  for(n=0; n〈3; n++) {
    cout〈〈p-〉output_return()〈〈"  ";
    p++;
  }
  cout〈〈endl;
  return 0;
}
```

↗ 해설

- 한 개의 인수를 갖고 있는 생성자 함수를 이용해서 클래스 배열을 초기화하였다.
- 클래스 포인터 변수 p에는 클래스 배열 ob에 할당된 메모리 영역의 시작 주소가 대입된다.
- p=ob=&ob[0], p-⟩output_return()=ob[0].output_return()
- p+1=&ob[1], (p+1)-⟩output_return()=ob[1].output_return()
- p+2=&ob[2], (p+2)-⟩output_return()=ob[2].output_return()

예제 프로그램 8-10

```
#include ⟨iostream⟩
using namespace std;
class myclass {
  private:
    int a, b;
  public:
    myclass(int i, int j) { a=i; b=j; }        //인수가 두 개인 생성자 함수
    int output_return1() { return a; }
    int output_return2() { return b; }
};

int main()
{
  myclass ob[3]={                              //클래스 배열의 초기화
    myclass(10, 20),
    myclass(30, 40),
    myclass(50, 60)
  };
  int n;
  myclass *p;
  p=ob;                                        //클래스 포인터의 초기화
```

```
for(n=0; n<3; n++) {
  cout<<(p->)output_return1()<<", ";
  cout<<(p->)output_return2()<<endl;
  p++;
}
return 0;
}
```

↗ 실행 결과	10, 20
	30, 40
	50, 60

↗ 해설

- 두 개의 인수를 갖고 있는 생성자 함수를 이용해서 클래스 배열 ob[3]을 초기화하였다.
- 배열명은 배열의 시작 주소를 나타내므로 클래스 포인터 변수 p에는 클래스 배열에 할당된 메모리 영역의 시작 주소가 대입된다(p=ob=&ob[0], p+1=&ob[1], p+2=&ob[2]).

8.1.4 소멸자

소멸자 함수(destructor function)는 클래스 변수의 통용 범위가 벗어나 사용이 종료될 때 자동으로 호출되어 수행되는 멤버 함수이다. 소멸자 함수는 클래스의 이름과 같은 이름을 가지며 이름 앞에 틸드 기호(~)를 붙여 사용한다. 생성자 함수와 마찬가지로 소멸자 함수도 반드시 클래스 내의 공용(public) 멤버로 지정되어야 하고 리턴 값이 없기 때문에 데이터형(함수형)이 void형이지만 이를 또한 생략하여 사용한다.

소멸자 함수는 인수를 전달할 수 없으며 오버로드가 불가능하다. 소멸자 함수는 주로 생성자 함수에 의해 데이터 멤버에 할당된 동적 메모리를 클래스 변수의 소멸과 함께 자동으로 해제시키고자 할 때 사용한다.

예제 프로그램 8-11

```
#include 〈iostream〉
using namespace std;
class score {
  private:
    char *name;
    int kor;
    int eng;
    double ave;
  public:
    score(char *n, int k, int e);        //생성자 함수의 선언
    ~score();                            //소멸자 함수의 선언
    void sum_ave();
    void output();
};
score::score(char *n, int k, int e)      //생성자 함수의 정의
{
  name=n;
  kor=k;
  eng=e;
  score::~score()                        //소멸자 함수의 정의
```

```
    {
        cout<<"소멸자를 수행하였습니다."<<endl;
    }
    void score::sum_ave()
    {
        ave=double(kor+eng)/2.0;
    }
    void score::output()
    {
        cout<<"name="<<name<<endl;
        cout<<"kor="<<kor<<endl;
        cout<<"eng="<<eng<<endl;
        cout<<"ave="<<ave<<endl;
    }

    int main()
    {
        score x("Hong", 90, 95);
        x.sum_ave();
        x.output();
        return 0;                           //소멸자 함수가 자동으로 호출
    }
}
```

↗ 실행 결과

```
name=Hong
kor=90
eng=95
ave=92.5
소멸자를 수행하였습니다.
```

↗ 해설

- 소멸자 함수는 객체가 소멸될 때 자동으로 호출되어 수행되는 함수로 생성자 함수와 같이 클래스 의 이름과 같은 이름을 가지며 이름 앞에 틸드 기호(~)를 붙여 표시한다.

예제 프로그램 8-12

```cpp
#include <iostream>
#include <cstring>                              //문자열 처리 헤더 파일
using namespace std;
class score {
  private:
    char *name;
    int kor;
    int eng;
    double ave;
  public:
    score(char *n, int k, int e);               //생성자 함수의 선언
    ~score();                                    //소멸자 함수의 선언
    void sum_ave();
    void output();
};
score::score(char *n, int k, int e)             //생성자 함수의 정의
{
  cout<<"생성자를 수행합니다."<<endl;
  name=new char[strlen(n)+1];                   //동적 메모리 할당
  strcpy(name, n);                              //문자열의 복사
  kor=k;
  eng=e;
}
score::~score()                                 //소멸자 함수의 정의
{
  cout<<"소멸자를 수행하였습니다."<<endl;
  delete name;                                  //동적 메모리 영역 해제
}
void score::sum_ave()
{
  ave=double(kor+eng)/2.0;
}
void score::output()
```

```
    {
        cout << "name=" << name << endl;

        cout << "kor=" << kor << endl;

        cout << "eng=" << eng << endl;

        cout << "ave=" << ave << endl;
    }
    int main()
    {
        score x("Hong", 90, 95);

        x.sum_ave();

        x.output();

        return 0;                          //소멸자 함수가 자동으로 호출
    }
```

↗ **실행 결과**

생성자를 수행합니다.
name=Hong
kor=90
eng=95
ave=92.5
소멸자를 수행하였습니다.

↗ **해설**

- 일반적으로 소멸자 함수는 객체 선언 시 생성자 함수에 의해 할당된 동적 메모리를 객체의 소멸과 함께 자동으로 해제시키고자 할 때 사용한다.
- strlen(str)은 문자열 str의 길이를 문자열의 문자 수로 나타내 주는 문자열 처리 함수이며 함수의 원형은 헤더 파일 〈cstring〉에 선언되어 있다.
- strlen(n);는 포인터 n이 가리키는 문자열 Hong의 문자 수를 계산한다(이때 문자열의 끝을 알리는 공문자는 제외).
- 생성자 함수에서 포인터 n이 가리키는 문자열 Hong을 저장할 수 있는 동적 메모리 영역을 할당하고 할당받은 메모리 영역의 시작 주소를 데이터 멤버 name에 대입한다. 이때 공 문자(\0)를 포함해야 하므로 할당받을 메모리의 크기는 실제 문자열의 길이보다 1만큼 큰 strlen(n)+1의 크기이어야 한다.

8.2 함수에 객체를 참조자로 전달

제7장 7.8절의 "함수에 객체 전달"에서 설명하였듯이 call by value(값에 의한 호출) 방식에 의해 객체를 피 호출 함수에 전달하는 경우에는 그 객체의 복사본이 작성되어 가인수에 전달된다. 이것은 새롭게 객체가 생성된 것을 의미하며 피 호출 함수의 실행이 종료되면 객체의 복사본은 소멸한다.

따라서 call by value 방식에 의해 객체를 피 호출 함수에 전달하면 복사본인 새로운 객체가 생성되기 때문에 생성자 함수가 자동으로 호출되어야 할 것이다. 또한, 피 호출 함수의 실행이 종료되면 객체의 복사본이 소멸되기 때문에 소멸자 함수가 자동으로 호출되어야 할 것이다.

그러나 실제로는 call by value 방식에 의해 객체의 복사본이 작성될 때 생성자 함수는 호출되지 않는다. 객체를 피 호출 함수에 전달할 때는 객체의 현재 상태로 피 호출 함수에 전달할 필요가 있는데, 만일 생성자 함수가 호출되면 객체의 현재 상태를 변화시키는 초기화가 이루어지기 때문이다. 단, 피 호출 함수의 실행이 종료되어 객체의 복사본이 소멸되면 소멸자 함수는 자동으로 호출된다.

프로그램을 작성하다 보면 call by value 방식에 의해 전달된 객체의 복사본이 소멸되어 소멸자 함수가 호출될 때 심각한 문제가 발생하는 경우가 생긴다. 예를 들면, 인수로 사용된 객체의 데이터 멤버를 생성자 함수에 의해 동적으로 메모리 할당하고 객체가 소멸할 때 할당된 메모리를 소멸자 함수로 해제하는 경우이다. 이때 피 호출 함수의 실행이 종료되어 객체의 복사본이 소멸되면 소멸자 함수가 호출되고 이는 동일한 메모리를 해제시켜 원래의 객체를 손상시키게 된다.

그러나 피 호출 함수에 객체를 참조자로 전달하면(call by reference 방식) 객체의 복사본이 작성되지 않기 때문에 피 호출 함수의 실행이 종료되어도 소멸자 함수가 호출되지 않는다. 따라서 원래의 객체에서 사용하는 데이터 멤버가 파괴되는 것을 방지할 수 있다.

```cpp
#include <iostream>
using namespace std;
class myclass {
  private:
    int a;
  public:
    myclass(int i) {                              //생성자 함수
      a=i;
      cout<<"생성자를 수행합니다."<<endl;
    }
    ~myclass() { cout<<"소멸자를 수행하였습니다."<<endl; }        //소멸자 함수
    int output_return() { return a; }
};

int sum(myclass ob)                          //sum() 함수의 정의
{
  return ob.output_return()+ob.output_return();
}


int main()
{
  myclass ob1(10);
  cout<<sum(ob1)<<endl;                      //sub()함수의 실행이 종료되면
        └함수 호출(call by value)           //소멸자 함수가 자동으로 호출
  return 0;                                  //프로그램 종료로 소멸자 함수가 자동으로 호출
}
```

↗ 실행 결과

```
생성자를 수행합니다.
20
소멸자를 수행하였습니다.
소멸자를 수행하였습니다.
```

해설

- call by value 방식에 의해 객체를 피 호출 함수에 전달하면 생성자 함수는 호출되지 않지만 소멸자 함수는 피 호출 함수의 실행이 종료될 때 자동으로 호출된다.
- 생성자 함수는 객체 ob1이 생성될 때만 호출되어 실행된다.
- 소멸자 함수는 두 번 호출되어 실행된다. 첫 번째는 sum() 함수의 실행이 종료되어 객체의 복사본이 소멸될 때이고, 두 번째는 프로그램이 종료되어 객체 ob1이 소멸될 때이다.

예제 프로그램 8-14

```cpp
#include <iostream>
using namespace std;
class myclass {
  private:
    int a;
  public:
    myclass(int i) {                          //생성자 함수
      a=i;
      cout<<"생성자를 수행합니다."<<endl;
    }
    ~myclass() { cout<<"소멸자를 수행하였습니다."<<endl; }      //소멸자 함수
    int output_return() { return a; }
};

int sum(myclass &ob)        `                //sum() 함수의 정의//가인수로 참조자 사용
{
  return ob.output_return()+ob.output_return();
}

int main()
{
  myclass ob1(10);
  cout<<sum(ob1)<<endl;                       //소멸자 함수는 호출되지 않음
        ↳함수 호출(call by reference)
  return 0;                                   //프로그램 종료로 소멸자 함수가 자동으로 호출
}
```

생성자를 수행합니다.

20

소멸자를 수행하였습니다.

↗ **해설**

- call by reference 방식에 의해 객체를 피 호출 함수에 전달하면 객체의 복사본이 작성되지 않기 때문에 생성자 함수가 호출되지 않고, 피 호출 함수의 실행이 종료될 때 소멸자 함수도 호출되지 않는다.
- 위 프로그램은 참조자를 가인수로 사용하는 C++ 스타일의 call by reference 방식에 의해 객체를 피 호출 함수에 전달한다.

8.3 프렌드 함수

프렌드 함수(friend function)는 클래스의 멤버 함수가 아니면서 클래스의 전용(private) 데이터 멤버에 접근할 때 사용하는 함수이다. 프로그램을 작성하다 보면 특정 클래스의 멤버 함수가 아닌 클래스 밖의 함수(일반 함수 또는 다른 클래스의 멤버 함수)가 특정 클래스의 전용 데이터 멤버를 참조해야 하는 경우가 생긴다. 이때 외부 함수를 특정 클래스의 프렌드 함수로 선언하면 해당 클래스의 전용 데이터 멤버들을 참조할 수 있다. 프렌드 함수를 사용하기 위해서는 클래스의 프렌드로 사용할 함수의 원형을 클래스 내부에 선언하고 그 앞에 예약어 friend를 붙인다.

↗ **형식(클래스 변수의 선언)**

friend 함수형 함수명(인수들);

[예시 8-1] 프렌드 함수의 사용 예

```
class myclass {
    private:
        int a, b;
    public:
        ⋮
        friend void func(인수);          //func()함수를 myclass의 프렌드로 선언
};

        void func(인수)                  //프렌드 함수 func()의 정의
        {
            ⋮
        }
```

멤버 함수를 호출하면 그 멤버 함수를 호출한 객체의 시작 주소를 가리키는 포인터 this가 자동적으로 해당 멤버 함수에 전달되기 때문에 멤버 함수 내에서 클래스의 데이터 멤버들을 직접 참조하는 것이 가능하다. 그러나 프렌드 함수는 멤버 함수가 아니기 때문에 this 포인터가 전달되지 않는다. 따라서 프렌드 함수 내에서 선언된 객체 또는 인수로 전달된 객체를 이용해야만 해당 클래스의 데이터 멤버에 접근할 수 있다.

예제 프로그램 8-15

```
#include <iostream>
using namespace std;
class myclass {
    private:
        int x, y;
    public:
        myclass(int i, int j);           //생성자 함수의 선언
        friend int add(myclass a);       //프렌드 함수의 선언
    };
    myclass::myclass(int i, int j)       //생성자 함수의 정의
```

```
{
 x=i;
 y=j;
}
int add(myclass a)                        //프렌드 함수의 정의//가인수 a를 객체로 선언
{
 return a.x+a.y;                          //객체명과 도트 연산자를 사용해서 데이터 멤버 참조
}

int main()
{
 myclass b(200, 100);                     //객체 b 생성//생성자 함수 호출
 cout<<"add(b)=200+100="<<add(b)<<endl;   //프렌드 함수 호출, 객체 b를 인수로 전달
 return 0;
}
```

↗ 실행 결과

```
add(b)=200+100=300
```

↗ 해설

- 클래스 myclass의 외부에 정의되어 있는 add() 함수에서 클래스 myclass의 전용 데이터 멤버 x와 y를 참조하기 위하여 add() 함수를 myclass의 프렌드 함수로 선언하였다.
- myclass의 멤버 함수는 데이터 멤버 x와 y에 직접 접근이 가능하지만, 프렌드 함수 add()는 데이터 멤버 x와 y를 직접 참조할 수 없기 때문에 인수로 전달된 객체와 도트 연산자를 이용해서 데이터 멤버에 접근하고 있다.
- 프렌드 함수 add()는 일반 함수이므로 호출 방법은 일반 함수를 호출하는 방식과 동일하며 도트 연산자인 점을 이용하지 않는다.

예제 프로그램 8-16

```cpp
#include <iostream>
using namespace std;
class eng;                              //선행 선언
class math {                            //첫 번째 클래스
  private:
    char *name;
    int score;
  public:
    math(char *n, int s);               //생성자 함수의 선언
    friend int add(math m, eng e);      //프렌드 함수의 선언
};
class eng {                             //두 번째 클래스
  private:
    char *name;
    int score;
  public:
    eng(char *n, int s);                //생성자 함수의 선언
    friend int add(math m, eng e);      //프렌드 함수의 선언
};
math::math(char *n, int s)              //첫 번째 클래스의 생성자 함수의 정의
{
  name=n;
  score=s;
}
eng::eng(char *n, int s)                           //두 번째 클래스의 생성자 함수의 정의
{
  name=n;
  score=s;
}
int add(math m, eng e)                             //프렌드 함수의 정의
{
  return m.score+e.score;                          //클래스 math와 클래스 eng 참조
}
```

```
int main()
{
    math m1("Hong", 95), m2("Lee", 100);                         //객체 m1, m2 생성//생성자 호출
    eng e1("Hong", 90), e2("Lee", 70);                           //객체 e1, e2 생성//생성자 호출
    cout<<"Hong : "<<"math+eng="<<add(m1, e1)<<endl;             //프렌드 함수 호출
    cout<<"Lee : "<<"math+eng="<<add(m2, e2)<<endl;              //프렌드 함수 호출
    return 0;
}
```

↗ 실행 결과

Hong : math+eng=185

Lee : math+eng=170

↗ 해설

- 프렌드 함수는 두 개 이상의 클래스의 프렌드가 될 수 있다. 위 프로그램에서는 add() 함수가 클래스 math와 클래스 eng의 프렌드 함수로 선언되었다.
- 위 프로그램은 2행에서 두 번째 클래스 eng에 대해 선행 선언(forward declaration) 또는 선행 참조(forward reference)를 하고 있다. 이것은 클래스 eng가 선언되기 전에 클래스 math의 add() 함수 선언에서 클래스 eng를 인수로 참조하고 있기 때문에 클래스 eng를 컴파일러에게 미리 알려 주어야 하는데, 이를 특정 클래스에 대한 선행 선언이라 한다.
- 프렌드 함수 add()는 클래스 변수(객체)들을 가인수로 전달받아야만 클래스 math와 클래스 eng의 데이터 멤버에 접근할 수 있다.

예제 프로그램 8-17

```cpp
#include <iostream>
using namespace std;
class eng;                              //선행 선언
class math {                            //첫 번째 클래스
  private:
    char *name;
    int score;
  public:
    math(char *n, int s);
    int add(eng e);                     //멤버 함수 add()의 선언
};
class eng {                             //두 번째 클래스
  private:
    char *name;
    int score;
  public:
    eng(char *n, int s);
    friend int math::add(eng e);        //멤버 함수 add()를 프렌드 함수로 선언
};
math::math(char *n, int s)              //첫 번째 클래스의 생성자 함수의 정의
{
  name=n;
  score=s;
}
eng::eng(char *n, int s)                //두 번째 클래스의 생성자 함수의 정의
{
  name=n;
  score=s;
}
int math::add(eng e)                    //멤버 함수 add()(클래스 eng의 프렌드 함수)의 정의
{
  return score+e.score;
}
```

```
int main()
{
  math m1("Hong", 95), m2("Lee", 100);              //객체 생성//생성자 호출
  eng e1("Hong", 90), e2("Lee", 70);               //개체 생성//생성자 호출
  cout<<"Hong : "<<"math+eng="<<m1.add(e1)<<endl;   //멤버 함수 add() 호출
  cout<<"Lee : "<<"math+eng="<<m2.add(e2)<<endl; //멤버 함수 add() 호출
  return 0;
}
```

↗ 실행 결과

Hong : math+eng=185

Lee : math+eng=170

↗ 해설

- 특정 클래스의 멤버 함수를 다른 클래스의 프렌드 함수로 사용할 수 있다.
- 클래스 math의 멤버 함수 add()를 클래스 eng의 프렌드 함수로 선언하였다. add() 함수는 클래스 math의 멤버 함수이다. 따라서 add() 함수를 클래스 eng에서 프렌드 함수로 선언할 때 컴파일러에게 add() 함수가 클래스 math의 멤버 함수임을 알리기 위해 스코프 연산자 ::를 사용한다.
- add() 함수는 클래스 math의 멤버 함수이므로 math형 클래스 변수(m1, m2)와 도트 연산자를 이용하여 m1.add(); 또는 m2.add(); 와 같이 호출한다.
- add() 함수는 클래스 math의 멤버 함수이기 때문에 클래스 math의 데이터 멤버 score에 직접 접근할 수 있다. 그러나 클래스 eng의 데이터 멤버 score에 접근하기 위해서는 eng형 클래스 변수(e1, e2)를 가인수로 전달받아야 한다.
- 클래스 eng가 선언되기 전에 클래스 math의 add() 함수 선언에서 클래스 eng를 인수로 참조하고 있기 때문에 2행에 선행 선언을 하였다.

1. 클래스 변수가 선언될 때 자동으로 호출되는 함수는?

　① 생성자 함수　　　　　　　② 소멸자 함수

　③ 프렌드 함수　　　　　　　④ 연산자 함수

2. 소멸자 함수에 대한 설명 중 잘못된 것은?

　① 프로그램이 종료될 때 자동으로 호출되어 수행되는 멤버 함수이다.

　② 소멸자 함수는 클래스의 이름과 같은 이름을 가지며 이름 앞에 틸드 기호(~)를 붙여 사용한다.

　③ 소멸자 함수는 인수를 전달할 수 없지만 오버로드는 가능하다.

　④ 클래스 내의 공용 멤버로 지정되어야 하며 리턴 값이 없다.

3. 다음과 같은 클래스가 정의되었을 때 클래스 배열의 초기화로 맞는 것은?

```
class myclass {
  private:
    int a;
  public:
    myclass(int i) { a=i; }
    int output_return() { return a; }
};
```

　① myclass ob[3]=(10, 20, 30);　　　② myclass ob[3]={10, 20, 30};

　③ class ob[3]={10, 20, 30};　　　　④ class ob[3]=(10, 20, 30);

4. 문제 3에 대한 ob[2].output_return();의 출력 결과는?

① 0   ② 10   ③ 20   ④ 30

5. 빈칸에 add() 함수를 myclass의 프렌드로 선언하고자 한다. 옳은 것은?

```
class myclass {
  private:
    int x, y;
  public:
    myclass(int i, int j);
    ┌─────────────────────┐
    │                     │
    └─────────────────────┘
};
```

① int friend add(class a);   ② int friend add(myclass a);

③ friend int add(class a);   ④ friend int add(myclass a);

생성자·소멸자·프렌드 함수

연습 문제(주관식)

1. 생성자 함수의 일반적인 용도는?

2. 객체를 일반 함수에 전달하는 경우 함수의 실행이 종료되어도 소멸자 함수가 호출
   되지 않도록 하기 위한 인수 전달 방식은?

연습문제 정답

- -

객관식   1. ①   2. ③   3. ②   4. ④   5. ④.
주관식   1. 데이터 멤버의 초기화   2. call by reference

PART 09

연산자 오버로드

- 연산자 오버로드의 개념에 대해서 알아본다.
- 멤버 연산자 함수를 이용해서 기존의 C++ 연산자를 객체에 대해 오버로드하는 방법에 대해서 알아본다.
- 프렌드 연산자 함수를 이용해서 C++ 연산자를 객체에 대해 오버로드하는 방법과 멤버 연산자 함수와의 차이점에 대해서 알아본다.

연산자 오버로드

9.1 연산자 오버로드란

구조체 변수나 클래스 변수(객체)를 이용하여 프로그램을 작성하다 보면 구조체 변수끼리 또는 클래스 변수끼리 덧셈, 뺄셈, 곱셈 등의 연산이 수행되도록 해야 하는 경우가 발생한다. 그러나 일반 연산자를 사용하여 객체 ob1, ob2, ob3에 대해 다음과 같은 연산식을 작성하면 컴파일 시 오류가 발생한다.

> ob3=ob1+ob2;   ← 오류 발생

C++에서는 기존의 연산자의 의미를 사용자가 임의로 변경하여 사용할 수 있도록 하는 연산자 오버로드(operator overload) 기능을 제공한다. 연산자 오버로드 기능을 이용하면 위와 같은 연산식이 오류가 없이 수행되도록 프로그램을 작성할 수 있다.

연산자 오버로드(operator overload)란 C++에서 기본적으로 제공하는 연산자의 기능을 특정 객체에 대해 동작하도록 사용자가 새로운 기능의 의미로 재정의 하는 것을 말한다. 연산자 오버로드의 기능을 잘 익혀 두면 클래스 변수들을 능숙하게 다룰 수 있어 보다 효율적으로 객체 지향 프로그램을 작성할 수 있게 된다.

연산자를 오버로드해도 연산자가 가지고 있는 본래의 기능은 상실되지 않는다. 다만, 특정 구조체나 클래스에 대해서만 적용되는 새로운 기능이 추가될 뿐이다. 연산자 오버로드를 사용하는 경우에 반드시 지켜야 할 제약이 있는데 이는 다음과 같다.

1. 연산자 본래의 우선순위를 바꿀 수 없다.
2. 연산자가 필요로 하는 데이터 항(오퍼랜드)의 개수를 변경할 수 없다.
   예를 들면, 덧셈, 뺄셈, 곱셈, 나눗셈 등의 이항 연산자(binary operator)를 오버로드해서 데이터 항의 개수를 1개로 할 수 없다.

3. C++에서 사용되는 거의 모든 연산자들은 오버로드할 수 있지만 [표 9-1]의 연산자들은 오버로드할 수 없다.

연산자	연산자 명
.	멤버 참조 연산자
.*	포인터 멤버 참조 연산자
::	스코프 연산자
?:	조건 연산자

[표 9-1] 오버로드가 불가능한 연산자

연산자를 오버로드하려면 연산자 함수를 정의하여야 한다. 연산자 함수는 operator라는 예약어를 갖는 함수로 이때, 연산자 함수는 클래스의 멤버 함수(멤버 연산자 함수)이거나 프렌드 함수(프렌드 연산자 함수)로 정의된다. 연산자 함수를 클래스의 멤버 함수나 프렌드 함수로 정의하는 방법은 일반 함수를 클래스의 멤버 함수나 프렌드 함수로 정의하는 방법과 동일하다.

먼저, 멤버 연산자 함수의 사용 방법에 대해 알아보고 프렌드 연산자 함수의 사용 방법에 대해서는 뒤에서 별도로 다루기로 하겠다. 멤버 연산자 함수는 클래스 내에서 직접 정의하여 사용하거나 멤버 연산자 함수의 원형만 클래스 내에 선언하고 스코프(scope) 연산자 ::를 사용하여 클래스 외부에서 멤버 연산자 함수를 정의할 수 있는데, 일반적으로 후자의 방법을 사용한다. 멤버 연산자 함수의 원형 선언은 함수명 대신 예약어 operator를 명시하고 오버로드할 연산자를 기술한다.

↗ 형식(멤버 연산자 함수의 정의)

```
함수형 operator#(가인수형과 가인수의 리스트)
{
  함수 본체
}
```

연산자 함수의 함수형으로는 어떤 형도 올 수 있지만 일반적으로 연산자 함수의 오버로드 대상인 해당 객체의 클래스형인 경우가 대부분이다. #의 위치에는 오버로드할 연산자를 기술한다.

9.2 이항 연산자의 오버로드

멤버 연산자 함수로 이항 연산자를 오버로드할 때는 멤버 연산자 함수 operator#()는 가인수를 하나만 가지게 된다. 이때 연산자의 우측에 놓인 객체가 멤버 연산자 함수의 가인수에 전달되며 연산자의 좌측에 놓인 객체가 멤버 연산자 함수를 호출하게 된다.

멤버 함수를 호출하면 그 멤버 함수를 호출한 객체의 시작 주소를 가리키는 포인터 this가 자동적으로 해당 멤버 함수에 전달된다는 것을 7.6절의 "this 포인터"에서 학습하였다. 따라서 연산자 좌측의 객체가 포인터 this에 의해 멤버 연산자 함수에 묵시적으로 전달된다.

예제 프로그램 9-1

```cpp
#include <iostream>
using namespace std;
class score {
  private:
    int kor;
    int eng;
  public:
    score() { kor=0; eng=0; }                  //인수가 없는 생성자 함수
    score(int a, int b) { kor=a; eng=b; }      //인수가 있는 생성자 함수
    void output() {
      cout<<"kor="<<kor<<", eng="<<eng<<endl;
    }
    score operator+(score ob);                 //연산자 함수의 원형 선언
};

score score::operator+(score ob)               //연산자 함수의 정의
{
  score temp;
  temp.kor=kor+ob.kor;                         //temp.kor=this->kor+ob.kor;
  temp.eng=eng+ob.eng;                         //temp.eng=this->eng+ob.eng;
  return temp;                                 //score형의 객체를 반환
```

```
        }

        int main()
        {
            score ob1(90,70), ob2(80,70), ob3;
            ob3=ob1+ob2;                    //연산자 함수 operator+()를 호출
            cout〈〈"ob3 : ";
            ob3.output();
            return 0;
        }
```

↗ 실행 결과 | ob3 : kor=170, eng=140

↗ 해설

- 연산자 +을 score형의 객체에 대해 오버로드 하였다.
- ob3=ob1+ob2;에서 덧셈 연산자 좌측에 위치한 객체 ob1에 의해 멤버 연산자 함수 operator+()
  가 호출되고 덧셈 연산자 우측에 위치한 객체 ob2가 가인수에 전달돼 ob1+ob2는 ob1.
  operator+(score ob2)의 형태로 실행된다. 이때 멤버 연산자 함수는 객체 ob3와 동일한 클래스 형
  의 객체 temp를 호출 측에 반환하기 때문에 반환된 객체 temp가 객체 ob3에 대입된다.
- 객체 ob1은 포인터 this에 의해 멤버 연산자 함수에 묵시적으로 전달되기 때문에 this 포인터를 이
  용해서 멤버 연산자 함수 operator+()를 다시 쓰면 다음과 같이 된다(여기서 this는 객체 ob1의 시
  작 주소를 나타낸다).

```
score score::operator+(score ob)
{
    score temp;
    temp.kor=this->kor+ob.kor;
    temp.eng=this->eng+ob.eng;
    return temp;
}
```

```
#include 〈iostream〉
using namespace std;
class score {
  private:
    int kor;
    int eng;
  public:
    score() { kor=0; eng=0; }                    //인수가 없는 생성자 함수
    score(int a, int b) { kor=a; eng=b; }         //인수가 있는 생성자 함수
    void output(int &a, int &b) { a=kor; b=eng; } //int &a=kor, int &b=eng
    score operator+(score ob);                    //연산자 함수의 원형 선언
};

score score::operator+(score ob)                  //연산자 함수의 정의
{
  score temp;
  temp.kor=kor+ob.kor;
  temp.eng=eng+ob.eng;
  return temp;                                    //score형의 객체를 반환
}

int main()
{
  score ob1(90, 70), ob2(80, 70), ob3;
  int kor, eng;
  ob3=ob1+ob2;                                    //연산자 함수 operator+()를 호출
  ob3.output(kor, eng);                           //output() 함수 호출//call by reference 방식
  cout〈〈"ob3.kor = "〈〈kor〈〈", ob3.eng = "〈〈eng〈〈endl;
  return 0;
}
```

↗ 실행 결과 ob3.kor = 170, ob3.eng = 140

해설

- 위 프로그램은 프로그램 9.1과 동일하며, 단지 멤버 함수 output()만 다르게 작성되었다.
- 클래스 score의 데이터 멤버인 kor, eng는 main() 함수 내에서 선언된 변수 kor, eng와는 서로 다른 별개의 것이다. main() 함수 내의 변수 kor과 eng는 다른 명칭으로 바꿀 수 있다.
- output() 함수는 참조자를 가인수로 사용하였다(C++ 스타일의 call by reference 방식).
- call by reference 방식에 의해 ob3.output(kor, eng);에서 output(int &a, int &b) 함수를 호출하기 때문에 int &a=kor, int &b=eng와 같이 된다(여기서 실인수 kor과 eng는 main() 함수 내에서 선언된 변수 kor과 eng이다).

예제 프로그램 9-3

```
#include 〈iostream〉
using namespace std;
class score {
  private:
    int kor;
    int eng;
  public:
    score() { kor=0; eng=0; }                    //인수가 없는 생성자 함수
    score(int a, int b) { kor=a; eng=b; }        //인수가 있는 생성자 함수
    void output(int &a, int &b) { a=kor; b=eng; }   //int &a=kor, int &b=eng
    score operator-(score ob);                   //연산자 함수의 원형 선언
};

score score::operator-(score ob)                 //연산자 함수의 정의
{
  score temp;
  temp.kor=kor-ob.kor;
  temp.eng=eng-ob.eng;
  return temp;                                   //score형의 객체를 반환
}

int main()
```

```
{
    score ob1(90, 70), ob2(80, 70), ob3;

    int kor, eng;

    ob3=ob1-ob2;                            //연산자 함수 operator-()를 호출

    ob3.output(kor, eng);                   //output() 함수 호출//call by reference 방식

    cout 〈〈 "ob3.kor = " 〈〈 kor 〈〈 ", ob3.eng =" 〈〈 eng 〈〈 endl;

    return 0;
}
```

↗ **실행 결과**   ob3.kor = 10, ob3.eng = 0

↗ 해설

- 연산자 -를 score형의 객체에 대해 오버로드하였다.
- ob3=ob1-ob2;에서 뺄셈 연산자 좌측에 위치한 객체 ob1에 의해 멤버 연산자 함수 operator-()
  가 호출되고 뺄셈 연산자 우측에 위치한 객체 ob2가 가인수에 전달돼 ob1-ob2는 ob1.operator-
  (score ob2)의 형태로 실행된다.
- 연산자 -를 오버로드 하는 경우에는 데이터 항(오퍼랜드)의 순서에 주의해야 한다. operator-() 함
  수를 호출하는 것은 좌측 객체이기 때문에 포인터 this가 가리키는 좌측 객체에서 우측 객체를 빼
  도록 연산을 kor-ob.kor;와 같이 정의해야 한다.

예제 프로그램 9-4

```
#include 〈iostream〉
using namespace std;
class score {
    private:
        int kor;
        int eng;
    public:
        score() { kor=0; eng=0; }
```

```
    score(int a, int b) { kor=a; eng=b; }
    void output(int &a, int &b) { a=kor; b=eng; }          //int &a=x, int &b=y
    score operator+(int a);
};

score score::operator+(int a)                              //연산자 함수의 정의
{
  score temp;
  temp.kor=kor+a;
  temp.eng=eng+a;
  return temp;                                             //score형의 객체를 반환
}

int main()
{
  score ob1(90, 70), ob2;
  int x, y;
  ob2=ob1+5;                                               //연산자 함수 operator+(int)를 호출
  ob2.output(x, y);
  cout <<"ob2.kor = " <<x <<", ob2.eng = " <<y <<endl;
  return 0;
}
```

▶ **실행 결과**   ob2.kor = 95, ob2.eng = 75

▶ **해설**

- ob2=ob1+5;에서 덧셈 연산자 좌측에 위치한 객체 ob1에 의해 멤버 연산자 함수 operator+(int)가
  호출되어져 ob1+5는 ob1.operator+(5)의 형태로 실행된다. 이때 멤버 연산자 함수 operator+(int)
  는 객체가 덧셈 연산자 좌측에 위치한 경우에만 동작하기 때문에 5+ob1의 형태로 문장을 작성하
  면 오류가 발생한다는 것에 주의해야 한다.

```
#include <iostream>
using namespace std;
class score {
  private:
    int kor;
    int eng;
  public:
    score() { kor=0; eng=0; }
    score(int a, int b) { kor=a; eng=b; }
    void output(int &a, int &b) { a=kor; b=eng; }       //int &a=x, int &b=y
    score operator+=(int a);
};

score score::operator+=(int a)                           //연산자 함수의 정의
{
  kor+=a;
  eng+=a;
  return *this;                                          //*this=ob1
}

int main()
{
  score ob1(90, 70);
  int x, y;
  ob1+ㅍ=5;                                              //ob1=ob1+5//연산자 함수 operator+=(int)를 호출
  ob1.output(x, y);
  cout<<"ob1.kor = "<<x<<", ob1.eng = "<<y<<endl;
  return 0;
}
```

↗ 실행 결과 ob1.kor = 95, ob1.eng = 75

↗ 해설

- 복합 대입 연산자(+=, -=, *=, /=, …)도 오버로드할 수 있다. 위 프로그램은 연산자 +=를 score형의 객체에 대해 오버로드하였다.
- ob1+=5;에서 복합 대입 연산자 좌측에 위치한 객체 ob1에 의해 멤버 연산자 함수 operator+=(int)가 호출된다. ob1+=5;는 ob1.operator+=(5)의 형태로 실행되어 객체 ob1의 데이터 멤버 kor과 eng를 5만큼 증가시킨다.
- this는 객체 ob1의 시작 주소를 가리키므로 *this는 객체 ob1자체를 나타낸다. 따라서 operator +=(int) 함수는 이를 호출한 객체 ob1을 호출 측에 반환한다.

9.3 단항 연산자의 오버로드

데이터 항(오퍼랜드)이 한 개인 단항 연산자(unary operator)를 멤버 연산자 함수로 오버로드할 때는 멤버 연산자 함수 operator#()는 가인수를 사용하지 않는다. 연산자 함수의 호출은 연산에 사용된 데이터 항이 하게 되며, 그 데이터 항만이 포인터 this에 의해 연산자 함수에 묵시적으로 전달된다.

예제 프로그램 9-6

```
#include <iostream>
using namespace std;
class score {
  private:
    int kor;
    int eng;
  public:
    score() { kor=0; eng=0; }
    score(int a, int b) { kor=a; eng=b; }
    void output(int &a, int &b) { a=kor; b=eng; }        //int &a=x, int &b=y
    score operator++();
```

```
};

score score::operator++()           //연산자 함수의 정의
{
  kor++;                             //this->kor++
  eng++;                             //this->eng++
  return *this;                      //*this=ob1
}

int main()
{
  score ob1(90, 70);
  int x, y;
  ++ob1;                             //연산자 함수 operator++()를 호출
  ob1.output(x, y);
  cout<<"ob1.kor = "<<x<<", ob1.eng = "<<y<<endl;
  return 0;
}
```

↗ 실행 결과   ob1.kor = 91, ob1.eng = 71

↗ 해설

- 단항 연산자 ++를 score형의 객체에 대해 오버로드하였다. 단항 연산자를 오버로드할 때는 멤버 연산자 함수 operator++()는 가인수를 사용하지 않는다.
- ++ob1;에서 연산에 사용된 객체 ob1에 의해 멤버 연산자 함수 operator++()가 호출된다. ++ob1; 은 ob1.operator++()의 형태로 실행되어 객체 ob1의 데이터 멤버 kor과 eng를 1만큼 증가시킨다.

예제 프로그램 9-7

```cpp
#include <iostream>
using namespace std;
class score {
  private:
    int kor, eng;
  public:
    score() { kor=0; eng=0; }
    score(int a, int b) { kor=a; eng=b; }
    void output(int &a, int &b) { a=kor; b=eng; }     //int &a=x, int &b=y
    score operator++();
    score operator++(int notused);
};

score score::operator++()                              //선행 연산자 함수의 정의
{
  score temp;
  temp.kor=++kor, temp.eng=++eng;
  cout<<"선행연산 ++ob :"<<endl;
  return temp;                                         //score형의 객체를 반환
}
score score::operator++(int notused)                   //후행 연산자 함수의 정의
{
  score temp;
  temp.kor=kor++, temp.eng=eng++;
  cout<<"후행연산 ob++ :"<<endl;
  return temp;                                         //score형의 객체를 반환
}
int main()
{
  score ob1(90, 70), ob2(80, 70), ob3, ob4;
  int x, y;
  ob3=++ob1;                                           //선행 연산자 함수 호출
  ob3.output(x, y);
```

```
    cout<<"ob3.kor = "<<x<<", ob3.eng = "<<y<<endl;
    ob1.output(x, y);
    cout<<"ob1.kor = "<<x<<", ob1.eng = "<<y<<endl;
    ob4=ob2++;                              //후행 연산자 함수 호출
    ob4.output(x, y);
    cout<<"ob4.kor = "<<x<<", ob4.eng = "<<y<<endl;
    ob2.output(x, y);
    cout<<"ob2.kor = "<<x<<", ob2.eng = "<<y<<endl;
    return 0;
}
```

↗ 실행 결과	선행 연산 ++ob :
	ob3.kor = 91, ob3.eng = 71
	ob1.kor = 91, ob1.eng = 71
	후행 연산 ob++ :
	ob4.kor = 80, ob4.eng = 70
	ob2.kor = 81, ob2.eng = 71

↗ 해설

- 만일 ++ob1;과 ob1++;가 서로 다른 의미를 갖도록 오버로드하려면(예를 들어, ++ob1은 선행 증
  가 연산, ob1++는 후행 증가 연산), operator++() 연산자 함수와 operator++(int notused)연산자
  함수를 함께 사용하면 된다. 연산이 ++ob1;인 경우에는 operator++() 연산자 함수가 호출된다. 반
  면에 연산이 ob1++;인 경우에는 operator++(int notused) 연산자 함수가 호출되고 notused에는
  항상 0의 값이 전달된다.

```
#include <iostream>
using namespace std;
class score {
  private:
    int kor;
    int eng;
  public:
    score() { kor=0; eng=0; }
    score(int a, int b) { kor=a; eng=b; }
    void output(int &a, int &b) { a=kor; b=eng; }        //int &a=x, int &b=y
    score operator-();
};

score score::operator-()                                 //연산자 함수의 정의
{
  kor=-kor;
  eng=-eng;
  return *this;                                          //*this=ob1
}

int main()
{
  score ob1(90, 70);
  int x, y;
  ob1=-ob1;                                              //연산자 함수 operator-()를 호출
  ob1.output(x, y);
  cout<<"ob1.kor = "<<x<<", ob1.eng = "<<y<<endl;
  return 0;
}
```

↗ 실행 결과   ob1.kor = -90, ob1.eng = -70

해설

- 음수 부호 연산자(minus operator) -를 score형의 객체에 대해 오버로드하였다.
- 연산자 -를 단항 연산자인 음수 부호 연산자로 오버로드할 때는 멤버 연산자 함수 operator-()는 가인수를 사용하지 않지만, 이항 연산자인 뺄셈 연산자로 오버로드할 때는 멤버 연산자 함수 operator-()는 가인수가 사용된다.
- -ob1;에서 연산에 사용된 객체 ob1에 의해 멤버 연산자 함수 operator-()가 호출된다. -ob1;은 ob1.operator-()의 형태로 실행되어 객체 ob1의 데이터 멤버 kor과 eng의 부호를 반전시킨다.

9.4 관계 연산자의 오버로드

관계 연산자(>, <, >=, <=, ==, !=)와 논리 연산자(&&, ||, !)는 연산 결과가 참이면 결과값은 1이고 거짓이면 0이 된다. 관계 연산자나 논리 연산자가 갖고 있는 본래의 기능이 객체에 대해 동작하도록 오버로드하려면 멤버 연산자 함수 operator#()가 호출 측에 객체를 반환하는 것이 아니라 0 또는 1을 반환해 주도록 정의해 주어야 한다.

예제 프로그램 9-9

```
#include <iostream>
using namespace std;
class score {
  private:
    int kor;
    int eng;
  public:
    score(int a, int b) { kor=a; eng=b; }
    int operator>=(score ob);
};

int score::operator>=(score ob)              //연산자 함수의 정의(int형)
{
  return  kor>=ob.kor && eng>=ob.eng;        //0 또는 1을 반환
```

```
    }

int main()
{
    score ob1(90, 70), ob2(60, 60), ob3(50, 20);
    if(ob1〉=ob2)    cout〈〈"ob1 : Pass"〈〈endl;                    //operator〉=()를 호출
    else            cout〈〈"ob1 : Failure"〈〈endl;
    if(ob3〉=ob2)    cout〈〈"ob3 : Pass"〈〈endl;                    //operator〉=()를 호출
    else            cout〈〈"ob3 : Failure"〈〈endl;
    return 0;
}
```

| ↗ 실행 결과 | ob1 : Pass |
| | ob3 : Failure |

↗ 해설

- 관계 연산자 〉=를 score형의 객체에 대해 오버로드하였다.
- ob1〉=ob2;에서 관계 연산자 좌측에 위치한 객체 ob1에 의해 멤버 연산자 함수 operator〉=()가 호출되고 관계 연산자 우측에 위치한 객체 ob2가 가인수에 전달된다. 따라서 ob1〉=ob2는 ob1. operator〉=(score ob2)의 형태로 실행되고, 0 또는 1의 값을 호출 측에 반환한다.

9.5 [] 연산자의 오버로드

배열 첨자 연산자 []를 오버로드할 때 C++에서는 이를 이항 연산자로 간주한다. []는 멤버 함수로만 오버로드가 가능하고 프렌드 함수로는 오버로드할 수 없다. 일반적으로, 연산자 함수 operator[]()는 배열의 첨자를 지정하는데 사용되기 때문에 인수의 데이터형은 보통 int형이 사용된다.

첨자 연산자 []를 ob[5];와 같이 특정 객체 ob에 대해 오버로드하기 위해 연산자 함수 operator[](int)를 호출하면, 객체 ob가 포인터 this에 의해 멤버 연산자 함수에 묵시적으로 전달되고 첨자 연산자 [] 내의 값이 연산자 함수에 가인수로 전달된다.

```
#include 〈iostream〉
using namespace std;
class myclass {
  private:
    int a[4];
  public:
    myclass() {                              //생성자 함수
      int i;
      for(i=0; i〈4; i++)  a[i]=i;
    }
    int operator[](int i) { return a[i]; }           //배열 요소의 값을 반환
};

int main()
{
  myclass ob;                              //객체 생성//자동적으로 생성자 함수 호출
  int i;
  for(i=0; i〈4; i++)  cout〈〈ob[i]〈〈", ";
  cout〈〈endl;                      ∟ operator[](int)를 호출
  return 0;
}
```

⬈ 실행 결과

0, 1, 2, 3

⬈ 해설

• 생성자 함수에 의해 데이터 멤버인 배열 a의 각 요소가 초기화된다.

• ob[i];에서 객체 ob에 의해 멤버 연산자 함수 operator[](int)가 호출되고 첨자 연산자 [] 내의 값이 가인수에 전달된다.

• 연산자 함수 operator[](int)는 가인수로 지정된 배열 요소의 값을 호출 측에 반환해 준다.

```
#include <iostream>
using namespace std;
class myclass {
  private:
    int a[4];
  public:
    myclass() {                              //생성자 함수
      int i;
      for(i=0; i<4; i++)  a[i]=i;
    }
    int &operator[](int i)  { return a[i]; }        //배열 요소의 참조자를 반환
};

int main()
{
  myclass ob;
  int i;
  for(i=0; i<4; i++)  cout<<ob[i]<<", ";
  cout<<endl;
  for(i=0; i<4; i++)  ob[i]=ob[i]+10;              //=의 왼쪽의 [ ]
  for(i=0; i<4; i++)  cout<<ob[i]<<", ";
  cout<<endl;
  return 0;
}
```

↗ 실행 결과

```
0, 1, 2, 3
10, 11, 12, 13
```

↗ 해설

- 대입문의 왼쪽이나 오른쪽에 첨자 연산자 [ ]를 사용하려면 연산자 함수 operator[ ](int)의 반환값을 배열 요소의 참조자로 지정해야 한다.

9.6 프렌드 연산자 함수의 사용

연산자를 특정 객체에 대해 오버로드하는 경우 연산자 함수를 클래스의 프렌드 함수로 정의할 수 있다. 일반적으로 연산자를 오버로드하는 경우, 프렌드 연산자 함수보다 멤버 연산자 함수가 많이 사용된다.

프렌드 연산자 함수를 호출하는 경우에 이는 멤버 함수가 아니기 때문에 this 포인터가 묵시적으로 전달되지 않는다. 따라서 프렌드 연산자 함수로 이항 연산자를 오버로드 하는 경우에는 연산에 사용된 2개의 데이터 항(객체)이 프렌드 연산자 함수의 가인수에 명시적으로 전달돼야 하며, 단항 연산자를 오버로드하려면 연산에 사용된 1개의 데이터 항이 프렌드 연산자 함수의 가인수에 명시적으로 전달되어야 한다.

프렌드 연산자 함수를 사용하면 [예제 프로그램 9-4]에서와 같이 ob+5;를 데이터 항의 위치가 서로 바뀐 5+ob;로 작성하여 발생하는 오류를 방지할 수 있다.

예제 프로그램 9-12

```cpp
#include <iostream>
using namespace std;
class score {
  private:
    int kor;
    int eng;
  public:
    score() { kor=0; eng=0; }
    score(int a, int b) { kor=a; eng=b; }
    void output(int &a, int &b) { a=kor; b=eng; }        //int &a=kor, int &b=eng
    friend score operator+(score o1, score o2);
};                                 ↰ 프렌드 연산자 함수의 원형 선언

score operator+(score o1, score o2)                      //프렌드 연산자 함수의 정의
{
  score temp;
  temp.kor=o1.kor+o2.kor;
  temp.eng=o1.eng+o2.eng;
```

```
    return temp;
}

int main()
{
  score ob1(90, 70), ob2(80, 70), ob3;
  int kor, eng;
  ob3=ob1+ob2;                                    //프렌드 연산자 함수 호출
  ob3.output(kor, eng);
  cout<<"ob3.kor = "<<kor<<", ob3.eng = "<<eng<<endl;
  return 0;
}
```

↗ **실행 결과** ob3.kor = 170, ob3.eng = 140

↗ 해설

- 프렌드 연산자 함수를 이용해서 연산자 +을 score형의 객체에 대해 오버로드하였다.
- ob1+ob2에서 왼쪽 데이터 항인 객체 ob1이 첫 번째 가인수, 오른쪽 데이터 항인 객체 ob2가 두 번째 가인수로 프렌드 연산자 함수에 명시적으로 전달된다.

예제 프로그램 9-13

```
#include <iostream>
using namespace std;
class score {
  private:
    int kor;
    int eng;
  public:
    score() { kor=0; eng=0; }
    score(int a, int b) { kor=a; eng=b; }
```

```
        void output(int &a, int &b) { a=kor; b=eng; } //int &a=x, int &b=y
        friend score operator+(score ob, int a);
        friend score operator+(int a, score ob);
};
score operator+(score ob, int a)                //객체+정수의 프렌드 연산자 함수
{
    score temp;
    temp.kor=ob.kor+a;
    temp.eng=ob.eng+a;
    return temp;
}
score operator+(int a, score ob)                //정수+객체의 프렌드 연산자 함수
{
    score temp;
    temp.kor=ob.kor+a;
    temp.eng=ob.eng+a;
    return temp;
}

int main()
{
    score ob1(90, 70), ob2(80, 60);
    int x, y;
    ob1=ob1+5;                                  //객체+정수의 프렌드 연산자 함수 호출
    ob1.output(x, y);
    cout≪"ob1.kor = "≪x≪", ob1.eng = "≪y≪endl;
    ob2=10+ob2;                                 //정수+객체의 프렌드 연산자 함수 호출
    ob2.output(x, y);
    cout≪"ob2.kor = "≪x≪", ob2.eng = "≪y≪endl;
    return 0;
}
```

| ↗ 실행 결과 | ob1.kor = 95, ob1.eng = 75 |
| | ob2.kor = 90, ob2.eng = 70 |

↗ 해설

- 프렌드 연산자 함수를 이용하면 객체+정수 또는 정수+객체의 연산을 오류가 없이 수행할 수 있다.
- 프렌드 연산자 함수는 연산에 사용된 데이터 항들을 가인수로 전달받기 때문에 객체+정수와 정수+객체에 대응되는 프렌드 연산자 함수를 각각 정의해 주면 된다.

예제 프로그램 9-14

```cpp
#include <iostream>
using namespace std;
class score {
  private:
    int kor;
    int eng;
  public:
    score() { kor=0; eng=0; }
    score(int a, int b) { kor=a; eng=b; }
    void output(int &a, int &b) { a=kor; b=eng; }        //int &a=x, int &b=y
    friend score operator++(score &ob);
};

score operator++(score &ob)                              //참조자 가인수를 사용
{
  ob.kor++;
  ob.eng++;
  return ob;
}

int main()
{
  score ob1(90, 70);
  int x, y;
```

```
    ++ob1;                                      //프렌드 연산자 함수 호출
    ob1.output(x, y);
    cout<<"ob1.kor = "<<x<<", ob1.eng = "<<y<<endl;
    return 0;
}
```

↗ **실행 결과**   ob1.kor = 91, ob1.eng = 71

↗ **해설**

- 프렌드 연산자 함수를 사용해서 단항 연산자 ++를 score형의 객체에 대해 오버로드하였다.
- 단항 연산자 ++를 오버로드하기 위해 멤버 연산자 함수를 호출하는 경우에는 포인터 this가 묵시적으로 전달되기 때문에 호출한 객체의 데이터 멤버를 증가시킬 수 있다(프로그램 9.6참조).
- ++ob1;에서 프렌드 연산자 함수를 호출할 때 객체 ob1에 대한 포인터 this가 전달되는 것이 아니라 객체 ob1이 프렌드 연산자 함수의 가인수에 복사된다(call by value 방식). 따라서 프렌드 연산자 함수의 실행 중에 데이터 멤버 값을 바꾸더라도 호출 측의 객체 ob1에는 영향을 주지 않는다.
- 프렌드 연산자 함수를 사용해서 단항 연산자 ++를 오버로드하려면 프렌드 연산자 함수의 가인수로 참조자를 사용해야 한다(call by reference 방식).

연습 문제(객관식)

1. 연산자 오버로드에 대한 설명 중 잘못된 것은?

   ① 연산자를 오버로드해도 연산자 가지고 있는 본래의 기능은 상실되지 않는다.

   ② 연산자 본래의 우선순위를 바꿀 수 없다.

   ③ 연산자가 필요로 하는 데이터 항의 개수를 변경할 수 없다.

   ④ C++에서 사용되는 모든 연산자들을 오버로드할 수 있다.

2. 덧셈 연산자(+)를 score형의 객체 ob1과 ob2에 대해 ob1+ob2;와 같이 오버로드하는 경우에 멤버 연산자 함수가 실행되는 형태는?

   ① ob1.operator+(score ob2)

   ② ob2.operator+(score ob1)

   ③ ob1+ob2.operator+(score ob1)

   ④ ob1+ob2.operator+(score ob2)

3. 문제 2에서 연산자 함수가 호출될 때 묵시적으로 전달되는 포인터는?

   ① &ob2;   ② this

   ③ *ob1;   ④ *ob2;

4. 멤버 연산자 함수를 이용하는 경우에 객체 ob1과 ob2에 대한 연산자의 오버로드가 잘못된 것은?

① ob2-ob1;   ② 10+ob1;

③ ++ob1;   ④ ob1>=ob2;

5. 덧셈 연산자(+)를 score형의 객체 ob1과 ob2에 대해 ob1+ob2;와 같이 오버로드하는 경우에 프렌드 연산자 함수의 원형 선언으로 옳은 것은?

① friend score operator+(score o1, score o2);

② score operator+(score o1, score o2);

③ friend score operator+(score o1);

④ score operator+(score o2);

연습 문제(주관식)

1. 선행 증가 연산과 후행 증가 연산이 서로 다른 의미를 갖도록 오버로드하기 위해 필요한 연산자 함수는?

2. 뺄셈 연산자(-)를 오버로드하는 경우에 주의해야 할 점은?

3. 연산자(-)를 음수 부호 연산자와 뺄셈 연산자로 오버로드할 때의 차이점은?

4. 프렌드 연산자 함수를 사용할 때의 이점은 무엇인가?

연습문제 정답

- -

객관식   1. ④   2. ①   3. ②   4. ②   5. ①.

주관식   1. operator++(), operator++(int notused)   2. 오퍼랜드의 순서
          3. 가인수의 사용 여부   4. 객체+정수;와 정수+객체;의 오버로드가 가능

PART 10

클래스의 상속

- 클래스 상속의 개념과 파생 클래스를 사용하는 방법에 대해서 알아본다.
- 기본 클래스와 파생 클래스의 생성자, 소멸자의 실행 순서에 대해서 알아본다.
- 파생 클래스를 통해서 기본 클래스의 생성자에 인수를 전달하는 방법에 대해서 알아본다.
- 다중 상속의 개념과 사용 방법에 대해서 알아본다.
- 가상 기본 클래스의 기능과 사용 방법에 대해서 알아본다.

클래스의 상속

10.1 클래스의 상속

C++은 상속(또는 계승)이라는 개념을 클래스를 통해서 기능을 제공한다. 앞으로 살펴볼 상속이라는 개념은 C++에서 매우 중요한 개념이다. 본 장에서는 상속이라는 개념으로 어떻게 데이터들이 관리되는지를 알아본다.

클래스 상속(inheritance)이란 이미 정의되어 있는 클래스의 속성, 즉 데이터 멤버와 멤버 함수를 다른 클래스에게 넘겨 주는 것을 말한다. 이때 자신의 속성을 다른 클래스에 넘겨 주는 클래스를 기본 클래스(base class) 또는 부모 클래스(parent class)라 부르고 속성을 상속받는 클래스를 파생 클래스(derived class) 또는 자식 클래스(child class)라고 한다.

파생 클래스는 기본 클래스의 속성을 전부 또는 일부를 상속받으면서 필요한 멤버를 추가하거나 수정하여 새로이 정의되는 클래스이다. 파생 클래스는 다음과 같이 파생 클래스 명 뒤에 콜론(:)을 명시하고 상속 유형(접근 방식)과 상속받을 기본 클래스명을 기술하여 정의하게 된다.

↗ 형식(파생 클래스의 정의)

```
class 파생 클레스 명 : 접근 지정자 기본 클래스 명
{
  멤버 정의
};
```

기본 클래스는 자신의 속성을 파생 클래스에게 넘겨줄 때 접근 지정자 public, protected, private를 사용해서 넘겨주게 된다. 접근 지정자는 상속의 유형을 결정하기 때문에 파생 클래스가 기본 클래스의 멤버에 접근할 수 있는 범위는 접근 지정자에 따라 달라진다. 만일, 접근 지정자를 지정하지 않으면 기본적으로 private로 설정된다.

기본 클래스의 멤버 유형	접근 지정자별 기본 클래스 접근 범위		
	private	protected	public
private	접근 불가	접근 불가	접근 불가
protected	private	protected	protected
public	private	protected	public

[표 10-1] 접근 지정자별 기본 클래스 접근 범위

기본 클래스의 멤버들은 전용(private), 보호(protected), 공용(public)으로 지정할 수 있다. 기본 클래스의 전용(private) 멤버는 파생 클래스에 상속되지 않기 때문에 기본 클래스의 멤버 함수만이 참조할 수 있다. 따라서 접근 지정자와 관계없이 파생 클래스는 기본 클래스의 전용 멤버를 참조할 수 없다. 만일, 파생 클래스가 기본 클래스의 전용 멤버를 참조하려면 기본 클래스의 공용 멤버 함수를 이용해야 한다.

기본 클래스의 공용(public) 멤버는 파생 클래스에 상속되기 때문에 파생 클래스에서 참조할 수 있다. 기본 클래스의 공용 멤버는 접근 지정자가 private이면 파생 클래스에 전용 멤버로 상속되고, 접근 지정자가 protected이면 파생 클래스에 보호 멤버로 상속된다. 또한, 접근 지정자가 public이면 파생 클래스에서도 공용 멤버가 된다.

클래스의 멤버를 보호(protected)로 지정하면 전용 멤버처럼 클래스 외부에서는 참조할 수 없게 된다. 그러나 기본 클래스의 보호 멤버는 전용 멤버와는 다르게 파생 클래스에 상속된다. 기본 클래스의 보호 멤버는 접근 지정자가 private이면 파생 클래스에 전용 멤버로 상속되고, 접근 지정자가 protected이거나 public이면 파생 클래스에서도 보호 멤버가 된다. 따라서 기본 클래스에서 상속된 보호 멤버들은 파생 클래스에서는 참조할 수 있지만 전용 멤버처럼 파생 클래스의 외부에서는 참조할 수 없게 된다.

[예시 10-1] 클래스 상속의 예(접근 지정자가 public)

```
class parent {
  private:
    int a;
  public:
    void set_1(int i) { a=i; }
    void output_1() { cout << "a=" << a << endl; }
};
```
← 기본 클래스의 정의

```
class child : public parent {
  private:        ← 접근 지정자
    int b;
  public:
    void set_2(int i) { b=i; }
    void output_2() { cout << "b=" << b << endl; }
};
```
← 파생 클래스의 정의

↓ 기본 클래스(parent)의 전용 데이터 멤버 a는 파생 클래스
↓ (child)에 상속이 안 됨
↓ 기본 클래스의 공용 멤버 함수 set_1()과 output_1()는 파생
↓ 클래스(child)에 공용 멤버로 상속됨

```
class child {
  private:
    int b;
  public:
    void set_1(int i) { a=i; }
    void output_1() { cout << "a=" << a << endl; }
    void set_2(int i) { b=i; }
    void output_2() { cout << "b=" << b << endl; }
};
```
← 새로운 형태의 파생 클래스 child

```
class parent {
  private:
    char *name;
  public:
    void set_1(char *n) { name=n; }
    void output_1() { cout〈〈"name="〈〈name〈〈endl; }
};
```
← 기본 클래스의 정의

```
class child : private parent {
  private:        ↖ 접근 지정자
    int age, height;
  public:
    void set_2(char *n, int a, int h)
      { set_1(n); age=a; height=h; }
    void output_2()
      { output_1(); cout〈〈"age="〈〈age〈〈", height="〈〈
        height〈〈endl; }
};
```
← 파생 클래스의 정의

↓ 기본 클래스(parent)의 전용 멤버 함수 set_1()과 output_1()
↓ 는 파생 클래스(child)에 전용 멤버로 상속됨

```
class child {
  private:
    int age, height;
    void set_1(char *n) { name=n; }
    void output_1() { cout〈〈"name="〈〈name〈〈endl; }
  public:
    void set_2(char *n, int a, int h)
      { set_1(n); age=a; height=h; }
    void output_2()
      { output_1(); cout〈〈"age="〈〈age〈〈", height="〈〈
        height〈〈endl; }
};
```
← 새로운 형태의 파생 클래스 child

예제 프로그램 10-1

```cpp
#include <iostream>
using namespace std;
class parent {                                    //기본 클래스의 정의
  private:
    int a;
  public:
    void set_1(int i) { a=i; }
    void output_1() { cout << "a=" << a << endl; }
};
            ┌ 파생 클래스  ┌ 기본 클래스
class child : public parent {                     //파생 클래스의 정의
  private:        └ 접근 지정자
    int b;
  public:
    void set_2(int i) { b=i; }
    void output_2() { cout << "b=" << b << endl; }
};

int main()
{
  parent ob1;                                     //기본 클래스형의 객체 생성
  child ob2;                                       //파생 클래스형의 객체 생성
  ob1.set_1(100);                                 //기본 클래스의 멤버에 접근
  ob1.output_1();                                 //기본 클래스의 멤버에 접근
  ob2.set_1(200);                                 //기본 클래스의 멤버에 접근
  ob2.output_1();                                 //기본 클래스의 멤버에 접근
  ob2.set_2(500);                                 //파생 클래스의 멤버에 접근
  ob2.output_2();                                 //파생 클래스의 멤버에 접근
  return 0;
}
```

<table>
<tr><td rowspan="3">↗ 실행 결과</td><td>a=100</td></tr>
<tr><td>a=200</td></tr>
<tr><td>b=500</td></tr>
</table>

↗ 해설

- 객체 ob1은 기본 클래스인 parent형, 객체 ob2는 파생 클래스인 child형으로 선언되었다.
- 접근 지정자가 public이므로 기본 클래스인 parent의 공용 멤버 set_1(), output_1()은 파생 클래스인 child에 공용 멤버로 상속된다. 따라서 객체 ob2를 이용해서 main() 함수 내에서 set_1(), output_1()을 참조할 수 있다.
- 기본 클래스인 parent(객체 ob1)의 전용 멤버 a는 파생 클래스인 child(객체 ob2)에 상속되지 않는다. 만일, 파생 클래스의 output_2() 함수를 void output_2() { cout<<"a+b="<<a+b<<endl; }와 같이 정의하면 오류가 발생한다. 따라서 객체 ob2는 객체 ob1의 공용 멤버 함수 set_1()과 output_1()을 이용해서 객체 ob1의 전용 멤버 a를 참조하고 있다.
- set_2()와 output_2()는 파생 클래스인 child(객체 ob2)의 멤버 함수이기 때문에 이들 함수를 객체 ob1을 이용해서 ob1.set_2(200);, ob1.output_2();와 같이 호출하면 오류가 발생한다.

예제 프로그램 10-2

```
#include <iostream>
using namespace std;
class parent {                          //기본 클래스의 정의
  private:
    char *name;
  public:
    void set_1(char *n) { name=n; }
    void output_1() { cout<<"name="<<name<<endl; }
};

class child : private parent {          //파생 클래스의 정의
  private:      ⌐접근 지정자
    int age, height;
  public:
```

```
        void set_2(char *n, int a, int h) { set_1(n); age=a; height=h; }
        void output_2() {                    ↰ 전용 멤버로 상속
        output_1(); cout << "age=" << age << ", height=" << height << endl; }
};        ↰ 전용 멤버로 상속

int main()
{
  parent ob1;
  child ob2;
  ob1.set_1("Hong");                    //기본 클래스의 멤버에 접근
  ob1.output_1();                        //기본 클래스의 멤버에 접근
  ob2.set_2("Hong", 6, 125);            //파생 클래스의 멤버에 접근
  ob2.output_2();                        //파생 클래스의 멤버에 접근
  return 0;
}
```

↗ 실행 결과	name=Hong name=Hong age=6, height=125

↗ 해설

• 접근 지정자가 private이므로 기본 클래스인 parent(객체 ob1)의 공용 멤버 set_1(), output_1()은 파생 클래스인 child(객체 ob2)에 전용 멤버로 상속된다. 따라서 set_1(), output_1()은 파생 클래스에서는 참조할 수 있지만 객체 ob2를 이용해서 main() 함수 내에서 ob2.set_1("Lee");, ob2. output_1();와 같이 호출하면 오류가 발생한다.

```
#include 〈iostream〉
using namespace std;
class myclass {
  private:
    char *name;
  protected:                              //보호 멤버
    int age;
  public:
    int height;
    void set_1(char *n) { name=n; }
    void set_2(int a) { age=a; }
    void output() { cout〈〈"name="〈〈name〈〈", age="〈〈age〈〈", height="
      〈〈height〈〈endl; }
};

int main()
{
  myclass ob;
  ob.set_1("Hong");
  ob.set_2(6);
  ob.height=125;
  ob.output();
  return 0;
}
```

↗ 실행 결과 | name=Hong, age=6, height=125

↗ 해설

- 전용 멤버로 지정된 데이터 멤버 name과 보호 멤버로 지정된 데이터 멤버 age는 클래스 내부에서는 직접 참조할 수 있지만 외부에서는 참조할 수 없기 때문에 main() 함수에서 ob.name; 또는 ob.age;와 같이 사용할 수 없다.
- 공용 멤버로 지정된 데이터 멤버 height는 클래스 외부에서 참조할 수 있기 때문에 main() 함수에서 ob.height=125;와 같이 직접 초기화할 수 있다.

예제 프로그램 10-4

```
#include 〈iostream〉
using namespace std;
class parent {                              //기본 클래스의 정의
  protected:
    char *name;
  public:
    void set_1(char *n) { name=n; }
};

class child : public parent {               //파생 클래스의 정의
  private:        ↳ 접근 지정자
    int age, height;
  public:
    void set_2(int a, int h) { age=a; height=h; }
    void output_2() {
      cout〈〈"name="〈〈name〈〈endl;
      cout〈〈"age="〈〈age〈〈", height="〈〈height〈〈endl; }
};

int main()
{
  child ob;
  ob.set_1("Hong");
  ob.set_2(6, 125);
  ob.output_2();
  return 0;
}
```

↗ 실행 결과
```
name=Hong
age=6, height=125
```

✐ 해설

- 접근 지정자가 public이므로 기본 클래스인 parent의 보호 멤버 name은 파생 클래스인 child(객체 ob)에 보호 멤버로 상속된다. 데이터 멤버 name은 기본 클래스와 파생 클래스에서만 참조할 수 있기 때문에 객체 ob를 이용해서 main() 함수 내에서 ob.name;와 같이 사용하면 오류가 발생한다.
- 파생 클래스 child는 다음과 같은 새로운 형태가 된다.

```cpp
class child {
  private:
    int age, height;
  protected:
    char *name;
  public:
    void set_1(char *n) { name=n; }
    void set_2(int a, int h) { age=a; height=h; }
    void output_2() { cout<<" name=" <<name<<endl;
      cout<<" age=" <<age<<" , height=" <<height<<endl; }
};
```

10.2 생성자와 소멸자의 실행

기본 클래스나 파생 클래스는 모두 생성자 함수 또는 소멸자 함수를 멤버로 가질 수 있다. 기본 클래스와 파생 클래스가 모두 생성자 함수와 소멸자 함수를 갖고 있는 경우에 생성자 함수는 파생된 순서에 따라 호출되어 실행되고, 소멸자 함수는 파생된 역순으로 호출되어 실행된다.

즉 기본 클래스와 파생 클래스가 생성자 함수를 멤버로 가지고 있는 경우에 파생 클래스의 구조를 갖는 객체가 생성되면, 먼저 기본 클래스의 생성자 함수가 호출되어 실행되고 다음으로 파생 클래스의 생성자 함수가 호출되어 실행된다. 그러나 생성된 객체가 소멸되면, 먼저 파생 클래스의 소멸자 함수가 호출되어 실행되고 다음에 기본 클래스의 소멸자 함수가 호출되어 실행된다.

예제 프로그램 10-5

```cpp
#include <iostream>
using namespace std;
class parent {                                              //기본 클래스의 정의
  public:
  parent() { cout<<"기본 클래스의 생성자 실행"<<endl; }      //생성자
  ~parent() { cout<<"기본 클래스의 소멸자 실행"<<endl; }     //소멸자
};

class child : public parent {                               //파생 클래스의 정의
  public:          ↖ 접근 지정자
    child() { cout<<"파생 클래스의 생성자 실행"<<endl; }      //생성자
    ~child() { cout<<"파생 클래스의 소멸자 실행"<<endl; }     //소멸자
};

int main()
{
  child ob;                                                 //파생 클래스형의 객체 생성
  return 0;
}
```

| 기본 클래스의 생성자 실행 |
| 파생 클래스의 생성자 실행 |
| 파생 클래스의 소멸자 실행 |
| 기본 클래스의 소멸자 실행 |

↗ 해설

- 파생 클래스인 child형의 객체 ob가 생성될 때 생성자 함수는 파생된 순서에 따라 호출되어 실행되고, 소멸자 함수는 파생된 역순으로 호출되어 실행된다.

10.3 기본 클래스의 생성자 인수 전달

객체가 생성될 때 생성자 함수에 인수를 전달하여 클래스의 데이터 멤버들을 초기화할 수 있었듯이 파생 클래스의 구조를 갖는 객체가 생성될 때 기본 클래스와 파생 클래스의 생성자 함수에 인수를 전달할 수 있다. 만일 파생 클래스의 생성자 함수에만 인수를 전달하여 데이터 멤버를 초기화하는 경우에는 일반 클래스의 생성자 함수에 인수를 전달하는 보통의 방법을 사용하면 된다.

그러나 기본 클래스의 생성자 함수에 인수를 전달해야 하는 경우에는 이를 위한 연결고리가 형성되어 있어야 하는데, 파생 클래스를 통해서 기본 클래스에 인수가 전달되도록 파생 클래스의 생성자 함수를 다음과 같이 확장된 형식으로 선언해 주면 된다.

↗ 형식(파생 클래스에서 기본 클래스로의 인수 전달)

```
파생 클레스의 생성자명(인수들) : 기본 클래스의 생성자명(인수들)
{
  파생 클래스 생성자 함수의 본체
};
```

이때 기본 클래스와 파생 클래스에서 필요한 모든 인수가 파생 클래스의 생성자 함수에 전달되도록 해야 하며, 이들 인수들 중에서 기본 클래스에 필요한 인수들이 위 형식을 사용해서 기본 클래스의 생성자 함수에 전달된다.

```
#include <iostream>
using namespace std;
class parent {
  public:
  parent() { cout<<"기본 클래스의 생성자 실행"<<endl; }        //생성자
  ~parent() { cout<<"기본 클래스의 소멸자 실행"<<endl; }       //소멸자
};

class child : public parent {                                //파생 클래스의 정의
  private:
    int a;
  public:
  child(int x) {                                             //생성자//인수 전달
    a=x;  cout<<"파생 클래스의 생성자 실행"<<endl; }
    ~child() { cout<<"파생 클래스의 소멸자 실행"<<endl; }      //소멸자
    void output() { cout<<"a="<<a<<endl; }
};

int main()
{
  child ob(100);                                             //파생 클래스형의 객체 생성
  ob.output();
  return 0;
}
```

↗ 실행 결과	기본 클래스의 생성자 실행 파생 클래스의 생성자 실행 a=100 파생 클래스의 소멸자 실행 기본 클래스의 소멸자 실행

↗ 해설

• 위 프로그램은 파생 클래스의 생성자 함수에만 인수를 전달하여 데이터 멤버를 초기화하고 있다.
이 경우에는 일반 클래스의 생성자 함수에 인수를 전달하는 통상적인 방법과 동일하다.

예제 프로그램 10-7

```
#include <iostream>
using namespace std;
class parent {                                        //기본 클래스의 정의
  private:
    int age;
  public:
    parent(int a) {                                   //생성자
      cout<<"기본 클래스의 생성자 실행"<<endl;
      age=a; }
    ~parent() { cout<<"기본 클래스의 소멸자 실행"<<endl; }   //소멸자
    void output_1() { cout<<"age="<<age<<endl; }
};

class child : public parent {                         //파생 클래스의 정의
  private:
    int height;
  public:                    ↱기본 클래스의 생성자에 인수 전달
    child(int a, int h) : parent(a) {                 //생성자
      cout<<"파생 클래스의 생성자 실행"<<endl;
      height=h; }
    ~child() { cout<<"파생 클래스의 소멸자 실행"<<endl; }     //소멸자
    void output_2() { cout<<"height="<<height<<endl; }
};

int main()
{
  child ob(6, 125);                                   //파생 클래스형의 객체 생성
```

```
    ob.output_1();
    ob.output_2();
    return 0;
}
```

↗ 실행 결과

기본 클래스의 생성자 실행
파생 클래스의 생성자 실행
age=6
height=125
파생 클래스의 소멸자 실행
기본 클래스의 소멸자 실행

↗ 해설

- 위 프로그램에서는 기본 클래스와 파생 클래스의 생성자 함수 모두가 인수를 사용하고 있다.
- 파생 클래스 child형의 객체 ob가 생성될 때 생성자 함수는 파생된 순서에 따라 호출되어 실행되고, 소멸자 함수는 파생된 역순으로 호출되어 실행된다.
- 이때 기본 클래스에서 필요한 인수가 파생 클래스를 통해서 전달되도록 파생 클래스의 생성자 함수를 다음과 같이 확장된 형식으로 선언해 주어야 한다.

┌ 파생 클래스에서 필요한 인수
child(int a, int h) : parent(a) { … }
기본 클래스에서 필요한 인수 ↲   ↳ 기본 클래스의 생성자에 인수 전달

예제 프로그램 10-8

```
#include <iostream>
using namespace std;
class parent {                                          //기본 클래스의 정의
  private:
    char *name;
  public:
    parent(char *n) {                                   //생성자
      cout<<"기본 클래스의 생성자 실행"<<endl;
      name=n; }
    ~parent() { cout<<"기본 클래스의 소멸자 실행"<<endl; }     //소멸자
    void output_1() { cout<<"name="<<name<<endl; }
};

class child : public parent {                           //파생 클래스의 정의
  private:
    int age, height;
  public:                        ↗기본 클래스의 생성자에 인수 전달
    child(char *n, int a, int h) : parent(n) {          //생성자
      cout<<"파생 클래스의 생성자 실행"<<endl;
      age=a; height=h; }
    ~child() { cout<<"파생 클래스의 소멸자 실행"<<endl; }       //소멸자
    void output_2() { cout<<"age="<<age<<", height="<<height<<endl; }
};

int main()
{
  child ob("Hong", 6, 125);                             //파생 클래스형의 객체 생성
  ob.output_1();
  ob.output_2();
  return 0;
}
```

↗ 실행 결과	기본 클래스의 생성자 실행
	파생 클래스의 생성자 실행
	name=Hong
	age=6, height=125
	파생 클래스의 소멸자 실행
	기본 클래스의 소멸자 실행

↗ 해설

- 기본 클래스에서 필요한 인수 *n이 파생 클래스를 통해서 전달되도록 파생 클래스의 생성자 함수를 child(char *n, int a, int h) : parent(n) { …}와 같이 확장된 형식으로 선언하였다. 이때 parent(n)에 의해 기본 클래스의 생성자 함수 parent(char *n)에 인수가 전달되며, 인수 n에는 문자열 Hong의 시작 주소가 저장되어 있다.

예제 프로그램 10-9

```
#include <iostream>
using namespace std;
class parent {                                      //기본 클래스의 정의
  private:
    char *name;
    int age, height;
  public:
    parent(char *n, int a, int h) {                 //생성자
      cout<<"기본 클래스의 생성자 실행"<<endl;
      name=n; age=a; height=h; }
    ~parent() { cout<<"기본 클래스의 소멸자 실행"<<endl; }    //소멸자
    void output() { cout<<"name="<<name<<endl;
            cout<<"age="<<age<<endl;
            cout<<"height="<<height<<endl; }
};
```

```
class child : public parent {                                    //파생 클래스의 정의
  public:                          ┌→ 기본 클래스의 생성자에 인수 전달
    child(char *n, int a, int h) : parent(n, a, h) {             //생성자
      cout << "파생 클래스의 생성자 실행" << endl; }
    ~child() { cout << "파생 클래스의 소멸자 실행" << endl; }       //소멸자
};

int main()
{
  child ob("Hong", 6, 125);                                      //파생 클래스형의 객체 생성
  ob.output();
  return 0;
}
```

↗ 실행 결과

```
기본 클래스의 생성자 실행
파생 클래스의 생성자 실행
name=Hong
age=6
height=125
파생 클래스의 소멸자 실행
기본 클래스의 소멸자 실행
```

↗ 해설

- 기본 클래스에서 필요한 인수 *n, a, h가 파생 클래스를 통해서 전달되도록 파생 클래스의 생성자 함수를 child(char *n, int a, int h) : parent(n, a, h) { …}와 같이 확장된 형식으로 선언하였다.
- 이때 파생 클래스에서는 인수가 사용되지 않기 때문에 parent(n, a, h)에 의해 기본 클래스의 생성자 함수 parent(char *n, int a, int h)에 인수가 모두 전달된다.

10.4 다중 상속

파생 클래스는 2개 이상의 기본 클래스로부터 상속받을 수 있다. 이를 다중 상속이라고 하며, 사용 방법에는 2가지가 있다. 첫 번째는 기본 클래스 P1에서 파생된 클래스 C1을 기본 클래스로 사용해서 또 다른 파생 클래스 C2를 작성하는 것이다. 이때 최초의 기본 클래스 P1을 두 번째 파생 클래스 C2의 간접 기본 클래스 (indirect base class)라 한다. 이들 클래스들 간의 계층을 그림으로 나타내면 오른쪽 그림과 같다.

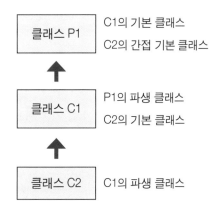

C++에서는 클래스의 계층을 그림으로 나타내는 경우 화살표 방향이 하위 계층(파생 클래스)에서 상위 계층(기본 클래스)을 향하도록 그리는 것이 관례이다. 기본 클래스 P1의 파생 클래스 C1이 또 다른 파생 클래스 C2의 기본 클래스로 사용되도록 하기 위해서는 다음과 같은 형식으로 클래스들을 정의해야 한다.

↗ 형식 1 (다중 상속)

```
class P1 { ··· };
class C1 : 접근 지정자 P1 { ··· };
class C2 : 접근 지정자 C1 {
  ···
  };
```

만일 3개의 클래스 P1, C1, C2 모두가 생성자 함수와 소멸자 함수를 갖고 있다고 가정하자. 파생 클래스 C2형의 객체가 생성될 때 생성자 함수의 실행 순서는 P1의 생성자 → C1의 생성자 → C2의 생성자 순서로 호출되어 실행되고 소멸자 함수는 역순으로 호출되어 실행된다.

다중 상속의 두 번째는 파생 클래스가 여러 개의 기본 클래스를 직접 상속받는 것이다. 예를 들면 클래스 C가 기본 클래스 P1과 P2로부터 파생되는 경우로 이들 클래스들 간의 계층을 나타내면 다음과 같이 된다.

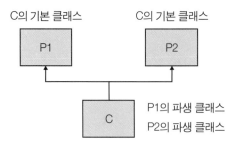

C의 기본 클래스   C의 기본 클래스

P1   P2

C   P1의 파생 클래스
P2의 파생 클래스

파생 클래스가 여러 개의 기본 클래스를 직접 상속받는 경우에는 다음과 같이 파생 클래스를 정의해 주어야 한다.

↗ 형식 2 (다중 상속)

```
class 파생 클래스 명 : 접근 지정자 기본 클래스명1,
                    접근 지정자 기본 클래스명2,
                    ...,
                    접근 지정자 기본 클래스명n,
{
  멤버 정의
};
```

여러 개의 기본 클래스가 직접 상속된 경우에는 생성자 함수는 기본 클래스를 지정한 순서(좌측에서 우측)에 따라 호출되어 실행되고, 소멸자 함수는 반대의 순서로 호출되어 실행된다. 이때 기본 클래스들의 생성자 함수가 인수를 사용한다면 파생 클래스를 통해서 기본 클래스들에 인수가 전달되도록 파생 클래스의 생성자 함수를 다음과 같이 확장된 형식으로 선언해주어야 한다.

↗ 형식(파생 클래스의 생성자 함수)

```
파생 클레스의 생성자명(인수들) : 기본 클래스1의 생성자명(인수들),
                          기본 클래스2의 생성자명(인수들),
                          ...,
                          기본 클래스n의 생성자명(인수들)
{
  파생 클래스 생성자 함수의 본체
};
```

예제 프로그램 10-10

```cpp
#include <iostream>
using namespace std;
class P1 {                                      //기본 클래스
  private:
    char *name;
  public:
    P1(char *n) { name=n; }                     //생성자
    char *output() { return name; }             //char형 포인터 함수
};
class C1 : public P1 {                           //P1의 파생 클래스
  private:
    int age;
  public:
    C1(char *n, int a) : P1(n) {                 //생성자//P1에 인수 n을 전달
      age=a; }
    int output_1() { return age; }
};
class C2 : public C1 {                           //C1의 파생 클래스
  private:
    int height;
  public:
    C2(char *n, int a, int h) : C1(n, a) {       //생성자//C1에 인수 n, a를 전달
      height=h; }
    int output_2() { return height; }
    void output_all() {
      cout<<output()<<" "<<output_1()<<" "<<output_2()<<endl; }
};

int main()
{
  C2 ob("Hong", 6, 125);
  ob.output_all();
  cout<<ob.output()<<" "<<ob.output_1()<<" "<<ob.output_2()<<endl;
```

```
    return 0;
  }
```

✎ **실행 결과**

```
Hong  6  125
Hong  6  125
```

✎ **해설**

- 파생 클래스 C형의 객체 ob가 생성될 때 생성자 함수는 P1 → C1 → C2 순서로 호출되어 실행 된다.
- 접근 지정자가 public이면 기본 클래스의 공용 멤버는 파생 클래스에서도 공용 멤버로 상속된다. 클래스 P1의 공용 멤버 output()은 클래스 C1에 공용 멤버로 상속되고, 클래스 C1의 공용 멤버 output_1()와 상속된 output()은 다시 클래스 C2에 공용 멤버로 상속된다.
- 클래스 P1의 멤버 함수 output()은 문자열 Hong을 반환하기 때문에 char형 포인터 함수로 정의 하였다.

예제 프로그램 10-11

```cpp
#include <iostream>
using namespace std;
class P1 {                                      //첫 번째 기본 클래스 P1
  private:
    char *name;
  public:
    P1(char *n) {                               //생성자
      cout<<"P1의 생성자 실행"<<endl;  name=n; }
    char *output_1() { return name; }
};

class P2 {                                      //두 번째 기본 클래스 P2
  private:
    int age;
  public:
    P2(int a) {                                 //생성자
      cout<<"P2의 생성자 실행"<<endl;  age=a; }
    int output_2() { return age; }
};

class C : public P1, public P2 {                //파생 클래스 C//P1과 P2를 직접 상속
  private:
    int height;
  public:
    C(char *n, int a, int h) : P1(n), P2(a) {   //n과 a를 P1과 P2에 전달
      cout<<"C의 생성자 실행"<<endl;  height=h; }
    int output_3() { return height; }
    void output_all() {
    cout<<output_1()<<" "<<output_2()<<" "<<output_3()<<endl; }
};
int main()
{
  C ob("Hong", 6, 125);
  ob.output_all();
```

```
cout<<ob.output_1()<<" "<<ob.output_2()<<" "<<ob.output_3()<<endl;
return 0;
}
```

↗ 실행 결과

P1의 생성자 실행

P2의 생성자 실행

C의 생성자 실행

Hong 6 125

Hong 6 125

↗ 해설

- 파생 클래스 C가 두 개의 기본 클래스 P1과 P2를 직접 상속받고 있다.

- 파생 클래스 C형의 객체 ob가 생성될 때, 생성자 함수는 기본 클래스를 지정한 순서(좌측에서 우측)인 P1→P2→C의 순서로 호출되어 실행된다.

- 만일 파생 클래스 C를 class C : public P2, public P1 { … }과 같이 정의하면 생성자 함수는 P2→P1→C 순서로 호출되어 실행된다.

10.5 가상 기본 클래스

파생 클래스가 여러 개의 기본 클래스를 직접 상속받는 경우 모호한 문제가 발생할 수 있다. 예를 들면 클래스 C1과 C2가 동일한 기본 클래스 P1을 직접 상속받고, 클래스 C3가 클래스 C1과 C2를 직접 상속받는 경우로 이들 클래스들 간의 계층을 나타내면 다음과 같이 된다.

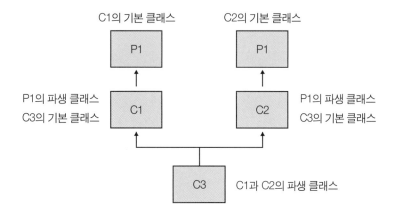

결과적으로 클래스 C3는 기본 클래스 P1을 두 번 상속받게 된다. 한 번은 클래스 C1을 통해서 상속되고, 또 한 번은 클래스 C2를 통해서 상속된다. 이것은 클래스 C3형의 객체가 생성될 때 그 객체에는 기본 클래스 P1의 멤버 복사본이 두 개 존재하게 되는 것을 의미한다. 따라서 생성된 객체를 이용해서 기본 클래스 P1의 멤버를 참조할 때 C1을 통해서 간접적으로 상속받은 P1의 멤버를 참조해야 할지 아니면 C2를 통해서 간접적으로 상속받은 P1의 멤버를 참조해야 할지 모호해진다.

C++에서는 어떤 파생 클래스(C3)가 동일한 기본 클래스(P1)를 간접적으로 두 번 이상 상속받을 때 파생 클래스(C3)에는 기본 클래스(P1)의 멤버 복사본이 오직 하나만 존재하도록 하는 가상 기본 클래스(virtual base class) 기능을 제공한다.

가상 기본 클래스 기능을 사용하려면 기본 클래스(P1)를 직접 상속받는 모든 파생 클래스(C1과 C2)를 접근 지정자 앞에 예약어 virtual을 붙여 정의해 주어야 한다. virtual을 사용하면 기본 클래스(P1)가 이를 직접 상속받는 파생 클래스(C1과 C2)에 가상으로 상속되고 기본 클래스(P1)를 간접으로 상속받는 파생 클래스(C3)에 기본 클래스(P1)의 멤버가 여러 개 복사되어 존재하는 것을 방지할 수 있다.

```
class P1 { … };
class C1 : virtual 접근 지정자 P1 { … };
class C2 : virtual 접근 지정자 P1 { … };
class C3 : 접근 지정자 C1, 접근 지정자 C2 { … };
```

예제 프로그램 10-12

```cpp
#include <iostream>
using namespace std;
class P1 {
  public:
    int a;
};

class C1 : virtual public P1 {          //P1을 가상 기본 클래스로 상속
  public:
    int b;
};

class C2 : virtual public P1 {          //P1을 가상 기본 클래스로 상속
  public:
    int c;
};

class C3 : public C1, public C2 {
  public:
    int sum, mul;
};
int main()
{
  C3 ob;                                //객체 생성
  ob.a=10;
  ob.b=20;
```

```
ob.c=30;

ob.sum=(ob.a+ob.b+ob.c);

ob.mul=(ob.a*ob.b*ob.c);

cout<<"sum="<<ob.sum<<endl;

cout<<"mul="<<ob.mul<<endl;

return 0;

}
```

↗ 실행 결과

```
sum=60
mul=6000
```

↗ 해설

- 파생 클래스 C1과 C2는 기본 클래스 P1을 가상 기본 클래스로 상속받기 때문에 C1과 C2를 직접 상속받는 클래스 C3에는 P1의 데이터 멤버 a의 복사본이 하나만 존재한다.
- 그러므로 main() 함수에서 ob.a를 참조하는 경우 모호한 문제가 발생하지 않는다. 그러나 파생 클래스 C1과 C2를 정의할 때 예약어 virtual을 생략하면 ob.a는 C1과 C2 중의 어느 것을 통해서 참조해야 할지 모호하기 때문에 오류가 발생한다.

연습 문제(객관식)

1. 파생 클래스 child가 다음과 같이 정의될 때, 기본 클래스 parent의 멤버가 private라면 child에 상속되는 유형은?

```
class child : public parent {  …  };
```

① 접근 불가   ② private

③ protected   ④ public

2. 문제 1에서 만일 기본 클래스의 멤버가 protected라면 child에 상속되는 유형은?

① 접근 불가   ② private

③ protected   ④ public

3. 문제 1에서 정의된 child형의 객체가 선언되었을 때, child와 parent가 생성자 함수와 소멸자 함수를 갖고 있다면 이들이 실행되는 순서는?

① child의 생성자-parent의 생성자-child의 소멸자-parent의 소멸자

② parent의 생성자-child의 생성자-child의 소멸자-parent의 소멸자

③ parent의 생성자-child의 생성자-parent의 소멸자-child의 소멸자

④ child의 생성자-parent의 생성자-parent의 소멸자-child의 소멸자

4. 다음과 같이 정의되어 있는 클래스들에 대한 설명으로 옳지 않은 것은?

```
class P1 { … };
class C1 : protected P1 { … };
class C2 : private C1 { … };
```

① 클래스 P1은 클래스 C1의 기본 클래스이다.

② 클래스 P1이 최상위 계층에 위치한다.

③ 클래스 C1은 클래스 P1의 파생 클래스이다.

④ 클래스 C1은 클래스 C2의 간접 기본 클래스이다.

5. 문제 4에서 P1의 멤버가 public라면 C2에 상속되는 유형은?

① 접근 불가　　　　　　② private

③ protected　　　　　　④ public

6. 다음과 같이 파생 클래스가 정의되어 있다면, 생성자 함수의 실행 순서는?

```
class child : public A, public B, public C { … };
```

① child-A-B-C　　　　　② A-B-C-child

③ child-C-B-A　　　　　④ C-B-A-child

연습 문제(주관식)

1. 가상 기본 클래스 기능은 언제 사용되는지를 설명하시오.

2. protected는 어떤 용도로 사용되는지를 설명하시오.

3. 기본 클래스와 파생 클래스에 대해서 설명하시오.

연습문제 정답

객관식   1. ①   2. ③   3. ②   4. ④   5. ②   6. ②
주관식   1. 어떤 파생클래스(C_3)가 동일한 기본 클래스(P_1)를 간접적으로 두번 이상 상속 받을 때, 파생클
          래스(C_3)에는 기본 클래스(P_1)의 멤버 복사본이 오직 하나만 존재하도록 하는 경우에 사용
          2. 파생클래스에서는 참조할 수 있지만 전용 멤버처럼 파생클래스의 외부에서는 참조할 수 없
          게 하는 경우에 사용됨
          3. ① 기본클래스 : 자신의 속성을 다른 클래스에 넘겨주는 클래스
             ② 파생클래스 : 속성을 상속받는 클래스

PART 11
가상 함수와 템플릿

- 기본 클래스 포인터를 사용해서 파생 객체에 접근하는 방법에 대해서 알아본다.
- 가상 함수의 사용형식과 오버라이드에 대해서 알아본다.
- 가상 함수를 사용해서 실행시의 다형성을 지원하는 방법에 대해서 알아본다.
- 순수 가상 함수의 사용형식에 대해서 알아본다.
- C++에서 제공하는 유용한 기능인 템플릿 함수와 템플릿 클래스의 사용방법에 대해서 알아본다.

PART 11

가상 함수와 템플릿

11.1 기본 클래스 포인터

C++에서는 하나의 인터페이스로 여러 개의 수단과 방법을 제공하는 다형성(polymorphism)을 컴파일 시와 실행 시에 지원한다. 컴파일 시의 다형성은 함수 및 연산자 오버로드에 의해서 제공된다. 실행 시의 다형성은 가상 함수를 사용하여 제공되며, 가상 함수가 기본 클래스 포인터를 통해서만 접근될 때 가능하다.

가상 함수에 대해서는 다음 장에서 구체적으로 다루기로 하겠고, 본 장에서는 기본 클래스 포인터를 사용해서 기본 클래스에서 파생된 클래스의 객체에 접근하는 방법에 대해서 알아보기로 하겠다.

PART 7의 7.5.2절의 "클래스 포인터"에서 다루었듯이 일반 변수처럼 클래스 변수(객체)도 포인터 형태로 선언할 수 있었다. 기본 클래스 포인터는 기본 클래스로부터 파생된 어떤 객체들도 가리킬 수 있다. 그러나 기본 클래스 포인터를 통해서 접근할 수 있는 파생 객체의 멤버는 기본 클래스에서 상속받은 멤버들로 제한된다.

예제 프로그램 11-1

```
#include <iostream>
using namespace std;
class parent {                          //기본 클래스의 정의
  private:
    char *name;
  public:
    void set_1(char *n)  { name=n; }
    void output_1( )  { cout<<"name="<<name<<endl; }
```

```
};

class child : public parent {                //파생 클래스의 정의
  private:
    int age, height;
  public:
    void set_2(int a, int h)  { age=a; height=h; }
    void output_2( ) {
      cout<<"age="<<age<<", height="<<height<<endl; }
};

int main( )
{
  parent *p;                        //기본 클래스의 포인터
  parent ob_p;                      //기본 클래스의 객체
  child ob_c;                       //파생 클래스의 객체
  p=&ob_p;                          //기본 클래스의 객체를 가리킴
  p->set_1("Hong");
  p->output_1( );
  p=&ob_c;                          //파생 클래스의 객체를 가리킴
  p->set_1("Lee");                  //p를 통해 파생 객체의 멤버를 참조
  p->output_1( );
  ob_c.set_2(6, 125);                        //p를 통해 접근 불가
  ob_c.output_2( );                 //p를 통해 접근 불가
  return 0;
}
```

↗ 실행 결과	name=Hong name=Lee age=6, height=125

↗ 해설

- 기본 클래스 포인터 p는 기본 클래스로부터 파생된 객체 ob_c를 가리킬 수 있다.
- 기본 클래스 포인터 p를 통해서 접근할 수 있는 파생 객체의 멤버는 기본 클래스에서 상속받은 멤버 set_1( )과 output_1( )들로 제한된다.

11.2 가상 함수

기본 클래스 내에 정의되어 있는 멤버 함수를 가상 함수(virtual function)로 만들면 파생 클래스에서 재정의하여 사용할 수 있다. 기본 클래스의 멤버 함수를 가상 함수로 만들기 위해서는 예약어 virtual을 사용하여 멤버 함수를 다음과 같이 선언해 주어야 한다.

↗ 형식(가상 함수의 선언)

```
class 기본 클래스명 {
  public:
    virtual 함수형 멤버 함수명(인수들);   ← 가상 함수의 선언
};
```

기본 클래스의 가상 함수를 상속받은 파생 클래스에서는 그 가상 함수를 재정의하여 사용할 수 있는데, 이때 예약어 virtual은 생략한다. 가상 함수의 재정의는 함수 오버로드(overloading)와 비슷해 보이지만 전혀 다른 개념이다. 함수의 오버로드에서는 인수의 개수와 데이터형이 달라야 한다. 그러나 가상 함수의 재정의에서는 인수의 개수와 데이터형 그리고 반환값의 데이터형(함수형)이 같아야 하며, 가상 함수는 클래스의 멤버이어야 한다. 가상 함수를 재정의하는 것을 오버라이드(overriding)라 한다.

앞 장에서 기본 클래스 포인터는 기본 클래스로부터 파생된 어떤 객체들도 가리킬 수 있다는 것을 알았다. 기본 클래스의 가상 함수를 오버라이드하는 파생 클래스가 여러 개인 경우, 기본 클래스 포인터를 통해서 가상 함수를 호출하면 기본 클래스 포인터가 가리키고 있는 객체의 클래스형에 속해 있는 가상 함수가 호출되어 실행된다. 이러한 과정이 실행 시의 다형성을 실현하는 기본 개념이 된다.

예제 프로그램 11-2

```
#include <iostream>
using namespace std;
class parent {                                  //기본 클래스의 정의
  public:
    char *name;
    parent(char *n) { name=n; }                 //생성자
    virtual void output( ) {                     //가상 함수
      cout<<"parent의 함수 output( ) : ";
      cout<<name<<endl; }
};

class child1 : public parent {                  //첫 번째 파생 클래스의 정의
  public:
    int age;
    child1(char *n, int a) : parent(n) {        //생성자
      age=a; }
    void output( ) {                            //오버라이드
      cout<<"child1의 함수 output( ) : ";
      cout<<name<<" "<<age<<endl; }
};

class child2 : public parent {                  //두 번째 파생 클래스의 정의
  public:
    int height;
    child2(char *n, int h) : parent(n) {        //생성자
      height=h; }
    void output( ) {                            //오버라이드
      cout<<"child2의 함수 output( ) : ";
      cout<<name<<" "<<height<<endl; }
};

int main( )
{
  parent *p;                                    //기본 클래스의 포인터
```

```
    parent ob("Hong");               //기본 클래스의 객체
    child1 ob_c1("Hong", 6);         //파생 객체 ob_c1
    child2 ob_c2("Hong", 125);       //파생 객체 ob_c2
    p=&ob;                           //기본 클래스의 객체를 가리킴
    p->output( );                    //parent의 output( )를 참조
    p=&ob_c1;                        //파생 객체 ob_c1을 가리킴
    p->output( );                    //child1의 output( )를 참조
    p=&ob_c2;                        //파생 객체 ob_c2를 가리킴
    p->output( );                    //child2의 output( )를 참조
    return 0;
}
```

↗ 실행 결과	parent의 함수 output( ) : Hong
	child1의 함수 output( ) : Hong 6
	child2의 함수 output( ) : Hong 125

↗ 해설

- 기본 클래스에서 멤버 함수 output( )를 가상 함수로 정의하였다.
- 파생 클래스 child1과 child2에서 output( )를 오버라이드하였다.
- 가상 함수를 호출하는 경우에, ob_c2.output( );와 같이 객체명과 도트 연산자를 이용하는 방법을 사용할 수 있지만 실행 시의 다형성은 기본 클래스를 통해서 접근할 때만 가능하다.
- 기본 클래스 포인터 p를 통해서 가상 함수 output( )를 호출하면 p가 가리키고 있는 객체의 클래스 형에 속해 있는 output( )가 호출되어 실행된다. 이러한 판단은 실행 시에 이루어진다.

```
#include 〈iostream〉
using namespace std;
class parent {                                  //기본 클래스의 정의
  public:
    char *name;
    parent(char *n) { name=n; }                 //생성자
    virtual void output( ) {                    //가상 함수
      cout〈〈"parent의 함수 output( ) : ";
      cout〈〈name〈〈endl; }
};

class child1 : public parent {                  //첫 번째 파생 클래스의 정의
  public:
    int age;
    child1(char *n, int a) : parent(n) {        //생성자
      age=a; }
    void output( ) {                            //오버라이드
      cout〈〈"child1의 함수 output( ) :";
      cout〈〈name〈〈" "〈〈age〈〈endl; }
};

class child2 : public parent {                  //두 번째 파생 클래스의 정의
  public:
    int height;
    child2(char *n, int h) : parent(n) {        //생성자
      height=h; }
};

int main( )
{
  parent *p;                                    //기본 클래스의 포인터
  parent ob("Hong");                            //기본 클래스의 객체
  child1 ob_c1("Hong", 6);                      //파생 객체 ob_c1
  child2 ob_c2("Hong", 125);                    //파생 객체 ob_c2
```

```
    p=&ob;                          //기본 클래스의 객체를 가리킴
    p->output( );                   //parent의 output( )를 참조
    p=&ob_c1;                       //파생 객체 ob_c1을 가리킴
    p->output( );                   //child1의 output( )를 참조
    p=&ob_c2;                       //파생 객체 ob_c2를 가리킴
    p->output( );                   //parent의 output( )를 참조
    return 0;
}
```

↗ 실행 결과	parent의 함수 output( ) : Hong
	child1의 함수 output( ) : Hong 6
	parent의 함수 output( ) : Hong

↗ 해설

• 기본 클래스에서 멤버 함수 output( )를 가상 함수로 정의하였다.

• 파생 클래스 child2에서는 output( )를 오버라이드하지 않았다.

• 기본 클래스 포인터 p에 ob_c2의 주소를 대입하고 p를 통해 output( )를 호출하면 기본 클래스의 output( )가 호출되어 실행된다.

```
#include <iostream>
using namespace std;
class parent {                                    //기본 클래스
  public:
    char *name;
    parent(char *n) { name=n; }                   //생성자
    virtual void output( ) {                      //가상 함수
      cout<<"parent의 함수 output( ) : ";
      cout<<name<<endl; }
};

class child1 : public parent {                    //parent의 파생 클래스
  public:
    int age;
    child1(char *n, int a) : parent(n) {          //생성자
      age=a; }
    void output( ) {                              //오버라이드
      cout<<"child1의 함수 output( ) : ";
      cout<<name<<" "<<age<<endl; }
};

class child2 : public child1 {                    //child1의 파생 클래스
  public:
    int height;
    child2(char *n, int a, int h) : child1(n, a) {  //생성자
      height=h; }
    void output( ) {                              //오버라이드
      cout<<"child2의 함수 output( ) : ";
      cout<<name<<" "<<age<<" "<<height<<endl; }
};

int main( )
{
  parent *p;                                      //기본 클래스의 포인터
```

```
    parent ob("Hong");                              //기본 클래스의 객체

    child1 ob_c1("Hong", 6);

    child2 ob_c2("Hong", 6, 125);

    p=&ob;

    p->output( );                                   //parent의 output( )를 참조

    p=&ob_c1;

    p->output( );                                   //child1의 output( )를 참조

    p=&ob_c2;

    p->output( );                                   //child2의 output( )를 참조

    return 0;

}
```

↗ 실행 결과

parent의 함수 output( ) : Hong

child1의 함수 output( ) : Hong 6

child2의 함수 output( ) : Hong 6 125

↗ 해설

- parent에서 파생된 클래스 child1이 output( )를 오버라이드할 때, child1에서 파생된 클래스 child2도 output( )를 오버라이드할 수 있다.
- 만일 child2가 output( )를 오버라이드하지 않는 경우에 p가 ob_c2를 가리키면 p->output( )은 child1의 output( )를 참조한다.
- 만일 child1과 child2가 output( )를 모두 오버라이드하지 않는 경우에 p->output( )은 parent의 output( )를 참조한다.

11.3 순수 가상 함수

순수 가상 함수(pure virtual function)는 기본 클래스 내부에 본체를 정의하지 않는 가상 함수이다. 파생 클래스에서 오버라이드(가상 함수의 재정의)될 것이 확실한 멤버 함수들은 기본 클래스 내부에 본체를 정의하지 않는 순수 가상 함수로 선언할 필요가 있게 된다. 순수 가상 함수는 본체를 정의하지 않고 원형만을 다음과 같이 선언한다.

↗ 형식(순수 가상 함수의 선언)

```
class 기본 클래스 명 {
  public:
    virtual 함수형 멤버 함수명(인수들) = 0;  ← 순수 가상 함수의 선언
};
```

순수 가상 함수에 0값을 설정한 것은 컴파일러에게 기본 클래스에 관한 가상 함수의 본체가 없다는 것을 알려 주기 위한 것이다. 기본 클래스에서 가상 함수가 순수 가상 함수로 선언되면, 반드시 각 파생 클래스에서는 가상 함수가 오버라이드 되어야 한다. 만일 오버라이드 되지 않으면 오류가 발생한다.

적어도 하나의 순수 가상 함수를 포함하고 있는 클래스를 추상 클래스(abstract class)라한다. 따라서 추상 클래스를 사용해서는 어떠한 객체도 생성할 수 없으며 추상 클래스를 상속받은 파생 클래스에서 가상 함수를 오버라이드 해야만 파생 클래스를 사용해서 객체를 생성할 수 있게 된다.

```
#include <iostream>
using namespace std;
class parent {
  public:
    int a;
    parent(int x) { a=x; }                         //생성자
    virtual void output( ) = 0;                    //순수 가상 함수
};

class child1 : public parent {
  public:
    child1(int x) : parent(x) { }                  //본체가 없는 생성자
    void output( ) {                               //오버라이드
        cout << "a+a = " << a+a << endl; }
};

class child2 : public parent {
  public:
    child2(int x) : parent(x) { }                  //본체가 없는 생성자
    void output( ) {
        cout << "a*a = " << a*a << endl; }         //오버라이드
};

int main( )
{
  parent *p;
  child1 ob_c1(10);
  child2 ob_c2(20);
  p=&ob_c1;
  p->output( );
  p=&ob_c2;
  p->output( );
  return 0;
}
```

a+a = 20
a*a = 400

↗ 해설

- 기본 클래스 parent의 멤버 함수 output( )를 순수 가상 함수로 선언하였기 때문에 각 파생 클래스에서는 output( )가 오버라이드 되어야 한다.

11.4 템플릿

프로그램을 작성하다 보면 인수의 데이터형과 함수의 반환(return)값이 서로 다를 뿐, 함수의 내부 구조가 동일한 함수들을 사용해야 되는 경우가 발생한다. 이때에는 데이터형 별로 여러 개의 함수를 작성해야 하는 번거로움이 발생한다.

C++에서 제공하는 함수 오버로드 기능을 이용하면 서로 다른 유형의 데이터를 사용해서 비슷한 작업을 수행하는 함수들을 동일 이름으로 정의할 수 있었다. 그러나 서로 다른 유형의 반환값을 되돌려 주는 경우에는 함수명을 각각 별개의 이름으로 작성해야 한다.

C++에서 제공하는 템플릿(template) 기능을 이용하면 서로 다른 유형의 반환값을 되돌려 줄 수 있는 함수를 작성할 수 있기 때문에 다양한 데이터형을 반복 처리해야 하는 경우에 편리하다.

템플릿은 C++에 새롭게 추가된 기능으로 하나의 함수나 하나의 클래스가 여러 가지 형태의 데이터형을 구분하지 않고 동작하게 한다. 즉, 템플릿을 이용하면 재사용 가능한 범용 함수(generic function)와 범용 클래스(generic class)를 만들 수 있게 해준다.

범용 함수를 템플릿 함수(template function) 그리고 범용 클래스를 템플릿 클래스(template class)라고도 부른다. 이들은 예약어 template를 사용하여 작성되며 처리하려는 데이터형을 가인수로 지정한다. 이와 같이 처리하려는 데이터형을 가인수로 하여 함수나 클래스를 생성시키는 형틀을 템플릿이라고 한다.

템플릿은 C++의 기능 중 비교적 최근에 나온 기능이므로 컴파일러마다 완벽히 지원하지 않는 부분들도 있어서 컴파일러의 영향을 다른 어느 부분보다 많이 받지만, 최근에 개발된 C++ 컴파일러는 템플릿 기능을 모두 지원한다.

11.4.1 템플릿 함수

템플릿 함수는 내부 구조가 동일하지만 인수의 데이터형과 함수형이 다른 경우에 사용되며, 예약어 template를 이용하여 다음과 같이 정의한다.

↗ 형식(탬플릿 함수의 정의)

```
template 〈class Type〉              //템플릿문
함수형 함수명(가인수형과 가인수의 리스트)    //머리 부분
{
   //함수 본체
}
```

이때 템플릿문과 템플릿 함수 머리(header) 부분 사이에 어떠한 문장도 삽입되면 안 되며, 문장이 삽입되면 오류가 발생함으로 주의해야 한다. Type은 함수에서 사용하는 데이터형을 지정하는 식별자로, "앞으로 함수에서 쓰일 어떤 자료형이다."라는 표현이다. 따라서 어떤 특정한 데이터형으로 함수를 호출할 때 컴파일러는 Type을 실제의 데이터형으로 교체해 처리해 준다.

Type은 변수명 작성 규칙에 따라 작성한다. class는 객체의 형을 나타내는 것이 아니라 Type이 템플릿의 범용 데이터형 인수라는 것을 나타내는 예약어이다. 예약어 class 대신 예약어 typename을 사용해도 된다.

함수형이나 가인수형, 함수 본체에서 사용되는 변수들의 데이터형을 템플릿에서 선언한 범용 데이터형 Type으로 지정할 수 있다.

```
#include <iostream>
using namespace std;
template <class T>              //템플릿 범용 데이터형 T 선언
void swapper(T &a, T &b)        //템플릿 함수의 정의
{
  T temp;
  temp=a;
  a=b;
  b=temp;
}

int main( )
{
  int x=100, y=200;
  double m=10.5, n=20.6;
  cout<<"original values : "<<"x="<<x<<", y="<<y<<endl;
  cout<<"original values : "<<"m="<<m<<", n="<<n<<endl;
  swapper(x, y);
  swapper(m, n);
  cout<<"new values : "<<"x="<<x<<", y="<<y<<endl;
  cout<<"new values : "<<"m="<<m<<", n="<<n<<endl;
  return 0;
}
```

▲ 실행 결과

```
original values : x=100, y=200
original values : m=10.5, n=20.6
new values : x=200, y=100
new values : m=20.6, n=10.5
```

- 템플릿 범용 데이터형 T를 선언하여 템플릿 함수 swapper( )를 정의하였다. swapper( ) 함수의 인수는 참조자를 사용하였다(call by reference 방식).
- main( ) 함수에서 int형 인수를 사용하는 swapper( ) 함수와 double형 인수를 사용하는 swapper( ) 함수를 사용하고 있다.
- 컴파일러는 swapper( ) 함수의 호출 시에 사용하는 인수의 데이터형을 T에 대입해 각각의 경우에 맞는 함수를 작성하여 처리해 준다.
- 템플릿 함수 swapper( )는 반환값이 없기 때문에 함수형을 void로 지정한다.

예제 프로그램 11-7

```
#include <iostream>
using namespace std;
template <class T>          //템플릿 범용 데이터형 T 선언
T sub(T a, T b)            //템플릿 함수의 정의
{
  if(a>b) return a;
  else    return b;
}

int main( )
{
  int x=10, y=100;
  double m=10.5, n=20.6;
  cout<<"max = "<<sub(x, y)<<endl;
  cout<<"max = "<<sub(m, n)<<endl;
  return 0;
}
```

✎ 실행 결과

```
max = 100
max = 20.6
```

해설

- 템플릿 함수 sub( )의 함수형을 템플릿에서 선언한 범용 데이터형 T로 지정할 수 있다.

예제 프로그램 11-8

```
#include 〈iostream〉
using namespace std;
template 〈class T1, class T2〉
void sub(T1 n, T2 m)
{
  cout〈〈n〈〈"  "〈〈m〈〈endl;
}

int main( )
{
  sub("Hong", 90);
  sub(85.7, "Lee");
  return 0;
}
```

↗ 실행 결과	Hong 90
	85.7 Lee

해설

- 범용 데이터형을 template 〈class T1, class T2〉와 같이 복수 개 지정할 수 있다.
- 컴파일러는 main( ) 함수에서 sub( )를 호출 시에 사용하는 인수의 데이터형(char *, int, float)을 T1, T2에 대입해 각각의 경우에 맞는 함수를 작성하여 처리해 준다.

11.4.2 템플릿 클래스

템플릿 클래스는 템플릿 함수보다 더 강력한 기능을 제공한다. 템플릿 함수와 마찬가지로 템플릿 클래스의 사용법도 간단하다.

Type은 클래스에서 사용하게 될 데이터형을 지정하는 식별자로서 데이터 멤버의 데이터형과 멤버 함수의 인수에 대한 데이터형을 정의한다. template<class Type1, class Type2>와 같이 복수 개 지정할 수 있다. 템플릿 클래스의 멤버 함수를 정의하는 방법은 일반 클래스의 경우와 동일하다. 그러나 외부에서 멤버 함수를 정의할 때는 template <class Type>을 써 주고 클래스명 다음에 <Type>을 추가해야 한다.

템플릿 클래스의 객체를 생성하기 위해서는 클래스명 다음에 < >를 추가하고 < >안에 데이터형을 지정해 주어야 한다.

```
#include <iostream>
using namespace std;
template <class T1, class T2>              //템플릿 클래스의 정의
class data {
  private:
    T1 x;
    T2 y;
  public:
    data(T1 a, T2 b) { x=a; y=b; }         //생성자
    void output( ) { cout<<"x="<<x<<", y="<<y<<endl; }
};

int main( )
{
  data <int, int> ob1(100, 200);           //두 개의 인수가 int형인 객체 생성
  data <int, float> ob2(10, 20.5);         //객체 생성
  data <char *, float> ob3("Hong", 83.5);  //객체 생성
  ob1.output( );
  ob2.output( );
  ob3.output( );
  return 0;
}
```

↗ 실행 결과

```
x=100, y=200
x=10, y=20.5
x=Hong, y=83.5
```

↗ 해설

- 템플릿 범용 데이터형 T1, T2를 선언하여 템플릿 클래스 data를 정의하였다.
- data <char *, float> ob3("Hong", 83.5);는 템플릿 클래스의 데이터 멤버와 멤버 함수의 인수에 대한 데이터형이 하나는 char형, 하나는 float형인 객체를 생성한다.

```
#include <iostream>
using namespace std;
template <class T1, class T2>
class data {
  private:
    T1 x;
    T2 y;
  public:
    data(T1 a, T2 b);                    //생성자 함수의 선언
    void output( );                      //멤버 함수의 선언
};

template <class T1, class T2>            //생성자 함수의 정의
data <T1, T2>::data(T1 a, T2 b) {
    x=a; y=b; }

template <class T1, class T2>            //멤버 함수의 정의
void data <T1, T2>::output( ) {
    cout<<"x="<<x<<", y="<<y<<endl; }

int main( )
{
  data <int, int> ob1(100, 200);
  data <int, float> ob2(10, 20.5);
  data <char *, float> ob3("Hong", 83.5);
  ob1.output( );
  ob2.output( );
  ob3.output( );
  return 0;
}
```

↗ 실행 결과

```
x=100, y=200
x=10, y=20.5
x=Hong, y=83.5
```

↗ 해설

> - 템플릿 클래스 외부에서 멤버 함수를 정의할 때는 template 〈class Type〉을 써 주고 클래스명 다음에 〈Type〉을 추가해야 한다.

연습 문제(객관식)

1. 컴파일 시의 다형성은 무엇을 사용해서 지원되는가?

   ① 함수 및 기본 클래스 포인터 오버로드

   ② 함수 및 연산자 오버로드

   ③ 기본 클래스 및 연산자 오버라이드

   ④ 가상 함수 및 연산자 오버라이드

2. 가상 함수를 만들기 위해 필요한 예약어는?

   ① class   ② operator

   ③ virtual   ④ inline

3. 다음과 같이 파생 클래스가 정의되어 있을 때, 기본 클래스 포인터를 통해서 접근할 수 있는 파생 객체의 멤버는?

```
class child : public parent {…};
```

   ① parent의 public 멤버

   ② parent의 private 멤버

   ③ child의 public 멤버;

   ④ parent의 public 멤버

4. 오버라이드와 관련이 있는 것은?

① 기본 클래스 포인터   ② 연산자

③ 가상 기본 클래스   ④ 가상 함수

5. 순수 가상 함수의 선언 형식으로 옳은 것은?

① virtual void output( );

② void output( ) = 0;

③ virtual void output( ) = 1;

④ virtual void output( ) = 0;

6. C++에서 제공하는 기능으로 다양한 데이터형을 반복 처리하는 작업에 편리한 것은?

① 오버로드   ② 템플릿

③ 오버라이드   ④ 인라인

7. 템플릿 클래스가 다음과 같이 정의되어 있을 때, 생성자 함수를 외부에 정의한 것으로 옳은 것은?

```
template <class T>
class data {…};
```

① template <class T>
    data <T>::data( ) {…}

② template <class T>
    data <T>.data( ) {…}

③ template <class T>
    data <T> {…}

④ template <class T>
    data( ) {…}

8. 문제 7의 템플릿 클래스에 대해 객체를 옳게 생성한 것은? (단, 데이터형은 정수형
이다.)

① data.ob;   ② data<int>.ob;

③ data <int> ob;   ④ int data.ob;

연습 문제(주관식)

1. 실행 시의 다형성은 (　　　)와 (　　　)을 사용해서 지원된다. 괄호 안에 들어갈 말은 무엇인가?

2. 템플릿에는 (　　　)와 (　　　)가 있다. 괄호 안에 들어갈 말은 무엇인가?

3. 추상 클래스를 이용해서 객체를 생성할 수 없는 이유를 설명하시오.

연습 문제 정답
- -
객관식　　1. ②　　2. ③　　3. ①　　4. ④　　5. ④.　　6. ②　　7. ①　　8. ③
주관식　　1. 가상 함수, 기본 클래스 포인터　　　2. 템플릿 함수, 템플릿 클래스
　　　　　3. 추상클래스는 적어도 하나의 순수가상함수를 포함하고 있기 때문임

PART 12

파일 입출력

- 파일 입출력 처리에 대하여 알아본다.
- 문자 처리 입출력 함수에 대해서 알아본다.
- 문자열 처리 입력 함수에 대해서 알아본다.

파일 입출력

12.1 파일 처리

지금까지 작성한 프로그램에서 우리는 데이터의 입력과 출력을 표준 입출력 장치인 키보드와 화면을 통하여 처리하였다. 즉, 키보드로부터 입력받은 데이터를 변수에 저장하기 위해 cin(표준 입력 스트림) 객체를 사용하였으며, cout(표준 출력 스트림) 객체를 사용하여 데이터를 화면상에 출력하였다.

스트림이란 파일, 키보드, 화면, 프린터 등을 지칭하는 말로 데이터를 입·출력할 수 있는 논리적인 장치를 의미한다. C++의 **표준 입출력**(키보드와 화면) 처리는 **표준 입출력 스트림** cin과 cout을 이용해 키보드로 주기억 장치에 데이터를 입력(저장)하거나 입력된 데이터를 모니터의 화면에 출력하도록 한다. 이에 반해 C++의 **파일 입출력** 처리는 보조 기억 장치인 디스크로부터 파일 단위로 저장된 데이터를 프로그램 내에 읽어들이거나 출력 결과를 디스크에 파일 단위로 저장하는 기능을 수행하도록 한다.

본 장에서는 파일 입출력 처리를 지원하는 ifstream, ofstream, fstream 등의 파일 클래스를 이용하여 디스크에 있는 파일에 데이터를 저장하고 읽어들이는 방법에 대해서 알아보도록 하겠다.

이들 클래스는 fstream라는 헤더 파일에 정의되어 있기 때문에 파일 입출력 처리를 수행하기 위해서는 fstream라는 헤더 파일을 #include 지시어로 프로그램 내에 반드시 포함시켜야 한다.

클래스	기능
ifstream	• 파일 입력 클래스 • 디스크에 있는 파일로부터 데이터를 읽어들이는 객체(파일 입력 스트림)를 생성시킨다.
ofstream	• 파일 출력 클래스 • 디스크에 있는 파일에 데이터를 출력(저장)하는 객체(파일 출력 스트림)를 생성시킨다.
fstream	• 파일 입·출력 클래스 • 디스크에 있는 파일로부터 데이터를 읽거나 저장하는 객체(파일 입·출력 스트림)를 생성시킨다.

[표 12-1] 파일 클래스

12.2 파일 열기와 닫기

12.2.1 파일 열기

파일 입출력을 하기 위해서는 먼저 특정 파일 클래스(ifstream, ofstream, fstream)의 객체(스트림)를 만들어 주어야 한다. 예를 들면 파일 입력 스트림을 만들기 위해서는 ifstream 클래스의 객체(파일 입력 스트림)를 선언해 주어야 하며, 출력 스트림을 만들기 위해서는 ofstream 클래스의 객체(파일 출력 스트림)를 선언해 주어야 한다.

일단 특정 파일 클래스의 객체를 생성하고 나면 파일을 개방하여 데이터를 입출력할 수 있게 되는데, 파일 개방에는 파일 클래스의 생성자를 이용하는 방법(형식 1)과 파일 클래스의 멤버 함수인 open() 함수를 이용하는 방법(형식 2)이 있다.

↗ 형식 1(파일 클래스의 생성자를 이용한 파일 열기)

파일 클래스 스트림 객체명("파일명", 파일 모드) ;

파일 클래스는 ifstream, ofstream, fstream 중에서 필요한 것을 지정하고, 스트림 객체명은 파일 클래스의 객체명을 지정한다. 스트림 객체가 생성되면 cin이나 cout에 사용되는 입력 연산자 >>와 출력 연산자 <<를 사용하여 파일에 데이터를 입력 또는 출력할 수 있게 된다. 파일 모드(mode)는 특정 파일명을 갖는 파일을 지정한 모드로 개방한다. 파일 모드는 [표 12-2]와 같으며 두 개 이상의 파일 모드를 OR의 형태로 동시에 지정하려면 | 연산자를 사용한다.

파일 모드	의 미
ios::in	지정된 파일을 읽기(reading)용으로 개방한다.
ios::out	지정된 파일을 쓰기(writing)용으로 개방한다.
ios::app	지정된 파일을 데이터 추가용으로 개방한다. 파일이 이미 존재하면 파일 끝에 데이터가 추가된다.
ios::ate	파일을 개방할 때 파일 끝으로 이동한다.
ios::trunc	지정된 파일의 내용을 지우고 데이터를 겹쳐 써 넣는다.
ios::nocreate	지정 파일이 존재하지 않으면 에러를 발생시킨다.
ios::noreplace	지정된 파일이 이미 존재하는 경우 에러를 발생시킨다.
ios::binary	지정된 파일을 이진 파일로 개방한다.

[표 12-2] 파일 모드의 종류

[예시 12-1] 파일 열기 예(형식)

① ifstream infile("input.dat", ios::in);

 ← ifstream 클래스의 객체(파일 입력 스트림) infile을 선언하고 파일명이 input.dat인 파일을 읽기용으로 개방한다.

 ← ifstream의 파일 모드는 디폴트로 ios::in으로 설정되어 있기 때문에 이를 생략할 수 있다.

② ofstream outfile("output.dat", ios::out);

 ← ofstream 클래스의 객체(파일 출력 스트림) outfile를 선언하고 파일명이 output.dat인 파일을 쓰기용으로 개방한다.

 ← ofstream의 파일 모드는 디폴트로 ios::out로 설정되어 있기 때문에 이를 생략할 수 있다.

③ fstream in_outfile("in_output.dat", ios::in | ios::out);

 ← fstream 클래스의 객체(파일 입출력 스트림) in_outfile를 선언하고 파일명이 in_output.dat인 파일을 읽기용 또는 쓰기용으로 개방한다.

 ← fstream의 파일 모드는 디폴트로 ios::out | ios::out로 설정되어 있기 때문에 이를 생략할 수 있다

↗ 형식 2(파일 클래스의 open() 멤버 함수를 이용한 파일 열기)

파일 클래스   스트림 객체명 ;

스트림 객체명.open("파일명", 파일 모드) ;

형식 2는 스트림 객체를 선언할 때 초기화하지 않고 멤버 함수 open()을 사용하여 파일 명과 파일 모드를 지정하는 방식이다.

[예시 12-2] 파일 열기 예(형식 2)

---

① ifstream infile;   ← 파일 입력 스트림 객체 infile 선언

   infile.open("input.dat");   ← input.dat 파일을 읽기용으로 개방(파일 모드로 디폴
                                              드 값 사용)

---

② ofstream outfile;   ← 파일 출력 스트림 객체 outfile 선언

   outfile.open("output.dat");   ← output.dat 파일을 쓰기용으로 개방(파일 모드로 디
                                              폴드 값 사용)

---

③ fstream in_outfile;   ← 파일 입출력 스트림 객체 in_outfile 선언

   in_outfile.open("in_output.dat");   ← in_output.dat 파일을 읽기용 또는 쓰기용으로 개방(
                                              파일 모드로 디폴드 값 사용)

만일 파일 열기가 실패하게 되면 스트림 객체는 0(거짓)으로 평가된다. 따라서 다음과 같은 형식의 문장을 사용하여 파일 열기의 오류 여부를 확인할 수 있다.

↗ 형식(파일 열기의 오류 여부 확인)

```
if(!스트림 객체명) {
cout << "Can't open file." << endl;
exit(1);
}
```

exit(n) 함수는 처리 종료 함수로서 프로그램의 실행 도중에 exit(n) 함수가 호출되면 전체 프로그램의 실행이 강제로 종료되고 제어가 운영 체제(OS)로 넘어간다. 일반적으로 정상적인 종료인 경우에는 n의 값으로 0이 사용되고 오류가 발생했을 때 종료하고자 하는 경우에는 n의 값으로 1이 사용된다. exit(n) 함수의 원형은 헤더 파일 cstdlib에 선언되어 있다.

만일 파일을 개방하는 데 실패할 경우, 스트림 객체는 0(거짓)으로 평가된다. 따라서 파일 개방에 실패하였을 경우 if 문의 조건식이 참이 되어 블록 안에 있는 문장이 실행되고, exit(1) 문장을 만나 프로그램의 실행이 강제로 종료된다.

12.2.2 파일 닫기

파일 클래스 ifstream, ofstream, fstream으로 파일을 개방해서 사용한 후에는 반드시 파일을 닫아야 한다. 파일을 닫을 때에는 파일 클래스의 멤버 함수인 close() 함수를 사용한다.

✦ 형식(파일 닫기)

스트림 객체명. close() ;

[예시 12-3] 파일 닫기 예

①	ifstream infile("input.dat");	← 파일 입력 스트림 객체 선언 및 파일 개방
	⋮	
	infile.close();	← 개방된 input.dat 파일 닫기
②	ofstream outfile("output.dat");	← 파일 출력 스트림 객체 선언 및 파일 개방
	⋮	
	outfile.close();	← 개방된 output.dat 파일 닫기
③	fstream in_outfile("in_output.dat");	← 파일 입출력 스트림 객체 선언 및 파일 개방
	⋮	
	in_outfile.close();	← 개방된 in_output.dat 파일 닫기

```
#include <iostream>
#include <fstream>                                //파일 입출력 처리를 위한 헤더 파일
#include <cstdlib>                                //exit() 함수의 헤더 파일
using namespace std;
int main()
{
  ofstream outfile("text.dat");                   //파일 출력 스트림 객체 선언 및 파일 열기
  if(!outfile) {                                  //오류가 발생하면 if문의 블록 실행
    cout<<"파일을 개방할 수 없다."<<endl;
    exit(1);                                      //실행 종료
    }
  outfile<<"SEOUL KOREA"<<endl;                   //파일에 데이터 출력
  outfile<<"TOKYO JAPAN"<<endl;                   //파일에 데이터 출력
  outfile.close();                                //파일 닫기
  return 0;
  }
```

↗ 실행 결과

SEOUL KOREA
TOKYO JAPAN

↗ 해설

- ofstream 클래스의 객체(파일 출력 스트림) outfile를 선언하고, 데이터를 기록하기 위해 text.dat 이라는 파일을 쓰기용으로 개방하였다.
- 만일 text.dat이라는 파일을 개방하는 데 실패할 경우, 객체 outfile는 0(거짓)의 값이 반환된다. 따라서 파일 개방에 실패하였을 경우 if문의 조건식이 참이 되어 블록 안에 있는 문장이 실행되고 exit(1) 문장을 만나 프로그램의 실행이 강제로 종료된다.
- outfile(파일 출력 스트림 객체)은 cout(표준 출력 스트림 객체)에서 사용되는 출력 연산자 <<를 사용하여 데이터를 쓰기용으로 개방된 파일 text.dat에 기록한다(반면에 cout은 데이터를 화면 상에 출력한다).
- 메모장에서 해당 파일(text.dat)을 열어 보면 다음과 같은 문자열이 기록되어 있는 것을 확인할 수 있다.

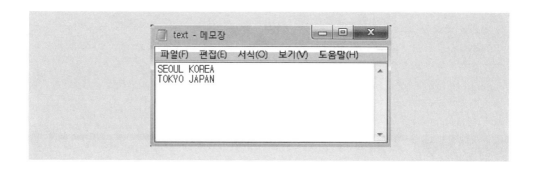

예제 프로그램 12-2

```cpp
#include <iostream>
#include <fstream>              //파일 입출력 처리를 위한 헤더 파일
#include <iomanip>             //스트림 조작자 setw()의 헤더 파일
#include <cstdlib>             //exit() 함수의 헤더 파일
using namespace std;
int main()
{
  char name[20];
  int i, kor, eng;
  double avg;
  ofstream outfile("output.dat");//파일 출력 스트림 객체 선언 및 파일 열기
  if(!outfile) {                //오류가 발생하면 if문의 블록 실행
    cout<<"Can't open file."<<endl;
    exit(1);                    //실행 종료
  return 0;
  }
  cout<<"input data?"<<endl;
  for(i=0; i<5; i++){
    cin>>name>>kor>>eng;
    avg=(kor+eng)/2;
    outfile<<setw(10)<<name<<setw(10)<<kor<<setw(10)
        <<eng<<setw(10)<<avg<<endl;   //파일에 데이터 출력
  }
```

```
outfile.close();                              //파일 닫기
return 0;
}
```

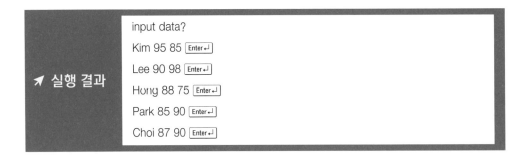

실행 결과

```
input data?
Kim 95 85 [Enter↵]
Lee 90 98 [Enter↵]
Hong 88 75 [Enter↵]
Park 85 90 [Enter↵]
Choi 87 90 [Enter↵]
```

↗ 해설

- ofstream 클래스의 객체(파일 출력 스트림) outfile를 선언하고, 데이터를 기록하기 위해 output.dat 이라는 파일을 쓰기용으로 개방하였다.
- outfile(파일 출력 스트림 객체)은 출력 연산자 〈〈를 사용하여 키보드로 입력된 데이터(name, kor, eng, avg)를 쓰기용으로 개방된 파일 output.dat에 기록한다. 이때 setw(10)은 필드 폭을 10자리로 설정해 주는 스트림 조작자이고, 헤더 파일 iomanip에 정의되어 있다.
- 메모장에서 해당 파일(output.dat)을 열어 보면 다음과 같이 데이터가 기록되어 있는 것을 확인할 수 있다.

output - 메모장

파일(F)	편집(E)	서식(O)	보기(V)	도움말(H)

```
    Kim     95      85      90
    Lee     90      98      94
    Hong    88      75      81
    Park    85      90      87
    Choi    87      90      88
```

예제 프로그램 12-3

```cpp
#include <iostream>
#include <fstream>                      //파일 입출력 처리를 위한 헤더 파일
#include <iomanip>                      //스트림 조작자 setw()의 헤더 파일
#include <cstdlib>                       //exit() 함수의 헤더 파일
using namespace std;
int main()
{
  char name[20];
  int i, kor, eng;
  double avg;
  ifstream infile("output.dat");        //파일 입력 스트림 객체 선언 및 파일 열기
  if(!infile) {                          //오류가 발생하면 if문의 블록 실행
    cout << "Can't open file." << endl;
    exit(1);                            //실행 종료
  }
  cout << setw(10) << "name" << setw(10) << "kor" << setw(10) << "eng" << setw(10) << "avg" << endl;
  for(i=0; i<5; i++){
    infile >> name >> kor >> eng >> avg;   //파일로부터 데이터 읽기
    cout << setw(10) << name << setw(10) << kor << setw(10) << eng << setw(10) << avg << endl;
  }
  infile.close();                       //파일 닫기
  return 0;
}
```

↗ 실행 결과

name	kor	eng	avg
Kim	95	85	90
Lee	90	98	94
Hong	88	75	81
Park	85	90	87
Choi	87	90	88

- ifstream 클래스의 객체(파일 입력 스트림) infile를 선언하고, 프로그램 12.2에서 생성된 데이터 파일 output.dat를 읽기용으로 개방하였다.
- infile(파일 입력 스트림 객체)은 cin(표준 입력 스트림 객체)에서 사용되는 입력 연산자 >>를 사용하여 파일 output.dat에 저장된 데이터를 순차적으로 읽어들여 지정된 변수에 입력시킨다(반면에 cin은 키보드로부터 입력받은 데이터를 변수에 저장한다).

12.3 입출력 멤버 함수

표준 입출력 스트림 cin과 cout은 하나의 객체이다. 또한, 파일 입출력 스트림도 객체이다. 이들 객체의 멤버 함수를 이용하면 보다 효율적으로 데이터를 처리할 수 있다.

12.3.1 문자 처리 입출력 함수

파일 출력 클래스 ofstream의 멤버 함수 put()은 한 번에 한 문자씩 파일에 문자를 출력하기 위해 사용한다. 반면에 파일 입력 클래스 ifstream의 멤버 함수 get()는 디스크에 있는 파일로부터 문자를 한 번에 한 문자씩 읽어들이기 위해 사용하며, 만일 파일의 끝에 도달하여 더 이상 읽을 문자가 없는 경우에는 해당 입력 스트림은 0의 값이 반환된다.

멤버 함수	설 명
get(ch1);	해당 스트림으로부터 한 문자를 읽어 들여 변수 ch1에 저장한다.
put(ch2);	문자 ch2를 해당 스트림에 출력한다.

※ 표에서 인수 ch1은 char형 변수이고, ch2는 char형 변수 또는 문자 상수를 의미한다.

[표 12-3] 문자 처리 입출력 함수

```
#include <iostream>
#include <fstream>                    //파일 입출력 처리를 위한 헤더 파일
#include <cstdlih>                    //exit() 함수의 헤더 파일
using namespace std;
int main()
{
  ofstream outfile("text1.dat");      //파일 출력 스트림 객체 선언 및 파일 열기
  if(!outfile) {                      //오류가 발생하면 if문의 블록 실행
    cout << "Can't open file." << endl;
    exit(1);                          //실행 종료
  }
  outfile.put('S');                   //객체 outfile의 멤버 함수 put()
  outfile.put('E');
  outfile.put('O');
  outfile.put('U');
  outfile.put('L');
  outfile.put(' ');
  outfile.put('K');
  outfile.put('O');
  outfile.put('R');
  outfile.put('E');
  outfile.put('A');
  outfile.close();                    //파일 닫기
  return 0;
}
```

✦ 실행 결과

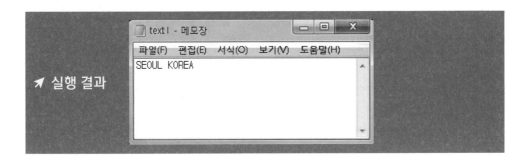

↗ 해설

- ofstream 클래스의 객체(파일 출력 스트림) outfile를 선언하고, 데이터를 기록하기 위해 text1.dat 이라는 파일을 쓰기용으로 개방하였다.
- 객체 outfile의 멤버 함수 put()를 이용하여 파일 text1.dat에 문자형 데이터를 순차적으로 생성하였다.

예제 프로그램 12-5

```cpp
#include <iostream>
#include <fstream>                  //파일 입출력 처리를 위한 헤더 파일
#include <cstdlib>                  //exit() 함수의 헤더 파일
using namespace std;
int main()
{
  char ch;
  ifstream infile("text1.dat");     //파일 입력 스트림 객체 선언 및 파일 열기
  if(!infile) {                     //오류가 발생하면 if문의 블록 실행
    cout<<"Can't open file."<<endl;
    exit(1);                         //실행 종료
  }
  while(infile){
    infile.get(ch);                  //객체 infile의 멤버 함수 get()
    cout<<ch;
  }
  infile.close();                   //파일 닫기
  return 0;
}
```

↗ 실행 결과   SEOUL KOREA

> • ifstream 클래스의 객체(파일 입력 스트림) infile를 선언하고, [예제 프로그램 12-4]에서 생성된 파일 text1.dat을 읽기용으로 개방하였다.
> • 객체 infile의 멤버 함수 get()를 이용하여 파일 text1.dat로부터 문자형 데이터를 순차적으로 읽어와 cout을 이용해 화면에 출력하였다.
> • 멤버 함수 get()를 이용해서 파일로부터 문자형 데이터를 순차적으로 읽어들이는 경우에 파일의 끝에 도달하여 더 이상 읽어들일 문자가 없게 되면 객체 infile에는 0의 값(거짓)이 반환되고, 이로 인해서 while 루프가 종료된다.

12.3.2 문자열 처리 입력 함수

표준 입력 스트림 cin과 파일 입력 스트림은 공백 문자를 만나면 데이터 값의 끝으로 간주하기 때문에 공백 문자 뒤의 문자열은 받아들여지지 않게 된다. 따라서 한 단어만 입력할 수 있다. 또한, 파일 입력 클래스 ifstream의 멤버 함수 get()는 디스크에 있는 파일로부터 문자를 한 번에 한 문자씩만 읽어들인다.

그러나 getline() 멤버 함수를 이용하면 파일 안에 수록된 데이터를 줄 단위로 읽어들일 수 있어 문자열을 쉽게 처리할 수 있다.

멤버 함수	설 명
getline(str, n, c)	해당 스트림으로부터 n바이트까지 또는 n바이트내에서 특정 문자 c가 입력될 때까지 문자를 읽어들여 문자열 str에 입력한다.

※ 표에서 인수 str은 char형 배열이나 char형 포인터를 의미하며, n은 문자열의 길이, c는 사용자가 지정한 문자를 의미한다. 참고로 getline() 멤버 함수를 사용 시 지정 문자는 생략할 수 있다.

[표 12-4] 문자열 처리 입력 함수

예제 프로그램 12-6

```
#include <iostream>
using namespace std;
int main()
{
  char str[20];                         //char형 배열 선언
  cout<<"문자열 입력 = ";
  cin>>str;                             //문자열 입력
  cout<<"문자열 출력 = "<<str<<endl;    //문자열 출력
  return 0;
}
```

↗ 실행 결과

문자열 입력 = SEOUL KOREA [Enter↵]
문자열 출력 = SEOUL

↗ 해설

• cin을 이용해 키보드로 문자열을 입력하는 경우에 공백 문자를 삽입하면 공백 문자 앞에 있는 문자들만 문자열로 인식되어 char형 배열 str에 저장된다.

```
#include <iostream>
#include <fstream>                              //파일 입출력 처리를 위한 헤더 파일
#include <cstdlib>                              //exit() 함수의 헤더 파일
using namespace std;
int main()
{
  char str1[20], str2[20], str3[20];
  ifstream infile("text.dat");                 //파일 입력 스트림 객체 선언 및 파일 열기
  if(!infile) {                                //오류가 발생하면 if문의 블록 실행
    cout << "파일을 개방할 수 없다." << endl;
    exit(1);                                   //실행 종료
  }
  infile >> str1 >> str2 >> str3;              //파일에 데이터 출력
  cout << "str1=" << str1 << endl;             //문자열 출력
  cout << "str2=" << str2 << endl;             //문자열 출력
  cout << "str3=" << str3 << endl;             //문자열 출력
  infile.close();                             //파일 닫기
  return 0;
}
```

↗ 실행 결과

```
str1=SEOUL
str2=KOREA
str3=TOKYO
```

↗ 해설

- ifstream 클래스의 객체(파일 입력 스트림) infile를 선언하고, [예제 프로그램 12-1]에서 생성된 파일 text.dat를 읽기용으로 개방하였다.
- infile(파일 입력 스트림 객체)은 입력 연산자 >>를 이용해서 파일로부터 데이터를 읽어들이는 경우에 데이터들을 공백 문자로 구분하여 읽어들이기 때문에 char형 배열 str3에는 TOKYO만 저장된다. 따라서 단어 JAPAN은 출력되지 않는다.

예제 프로그램 12-8

```
#include <iostream>
#include <fstream>                    //파일 입출력 처리를 위한 헤더 파일
#include <cstdlib>                    //exit() 함수의 헤더 파일
using namespace std;
int main()
{
  char str[50];
  ifstream infile("text.dat");        //파일 입력 스트림 객체 선언 및 파일 열기
  if(!infile) {                       //오류가 발생하면 if문의 블록 실행
    cout << "Can't open file." << endl;
    exit(1);                          //실행 종료
  }
  while(infile) {
    infile.getline(str, 50);          //객체 infile의 멤버 함수 getline()
    cout << str << endl;
  }
  infile.close();                     //파일 닫기
  return 0;
}
```

↗ 실행 결과	SEOUL KOREA
	TOKYO JAPAN

↗ 해설

- ifstream 클래스의 객체(파일 입력 스트림) infile를 선언하고, [예제 프로그램 12-1]에서 생성된 파일 text.dat를 읽기용으로 개방하였다.
- 객체 infile의 멤버 함수 getline()는 한 줄씩 50바이트 크기의 문자열을 읽어들여 char형 배열 str에 저장한다.

1. 다음 중 표준 입출력 장치로 맞는 것은?

   ① 키보드와 파일　　　　　　② 키보드와 화면

   ③ 파일과 화면　　　　　　　④ 파일과 프린터

2. 파일 입출력 처리를 지원하는 파일 클래스로 틀린 것은?

   ① ifstream　　　　　　　　② ofstream

   ③ fstream　　　　　　　　　④ iostream

3. 파일 입출력 처리를 수행하기 위해 반드시 포함시켜야 할 헤더 파일은?

   ① iostream　　　　　　　　② fstream

   ③ iomanip　　　　　　　　　④ cstdlib

4. 파일 입력 클래스로 맞는 것은?

   ① ifstream　　　　　　　　② ofstream

   ③ fstream　　　　　　　　　④ iostream

5. 파일 안에 수록된 데이터를 줄 단위로 읽어들이는 멤버 함수는?

   ① getline()　　　　　　　　② get()

   ③ fgetline()　　　　　　　　④ getchar()

6. 파일을 쓰기용으로 개방하는 명령문으로 옳은 것은?

① ifstream outfile("output.dat");

② ifstream open("output.dat");

③ ofstream outfile("output.dat");

④ ofstream open("output.dat");

7. 파일 열기에 실패할 경우에 스트림 객체에 반환되는 값은?

① 0   ② 1

③ 2   ④ 3

1. 파일 출력 스트림과 함께 사용되는 연산자는?

2. 파일로부터 데이터를 읽어들일 때 더 이상 읽을 문자가 없는 경우에 해당 입력 스트림에 반환되는 값은?

3. 파일 입출력 처리에 대해 설명하시오.

연습문제 정답

- -

객관식   1. ②   2. ④   3. ②   4. ①   5. ①   6. ③   7. ①

주관식   1. 〈〈   2. 0(거짓)

3. 파일 입출력 처리는 보조기억장치인 디스크로부터 파일 단위로 저장된 데이터를 프로그램 내에 읽어들이거나 출력 결과를 디스크에 파일 단위로 저장하는 기능을 수행

초보자도 쉽게 따라 할 수 있는

C++프로그래밍

2017년   2월   13일   1판   1쇄   발 행
2019년   1월   15일   1판   2쇄   발 행

지 은 이 : 장인성 · 유경상 · 송재철
　　　　 황재효 · 김응주 · 조정호

펴 낸 이 : 박정태

펴 낸 곳 : **광 문 각**

10881
경기도 파주시 파주출판문화도시 광인사길 161
광문각 B/D 4층
등　　록 : 1991. 5. 31 제12 - 484호
전 화(代) : 031-955-8787
팩　　스 : 031-955-3730
E - mail : kwangmk7@hanmail.net
홈페이지 : www.kwangmoonkag.co.kr

ISBN : 978-89-7093-823-3　　　　　93560

값 : 25,000원

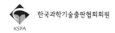
한국과학기술출판협회회원
KSPA

저자와 협의하여 인지를 생략합니다.